スピード攻略！

1 級土木施工管理技術検定集中レッスン

コンデックス情報研究所　編著

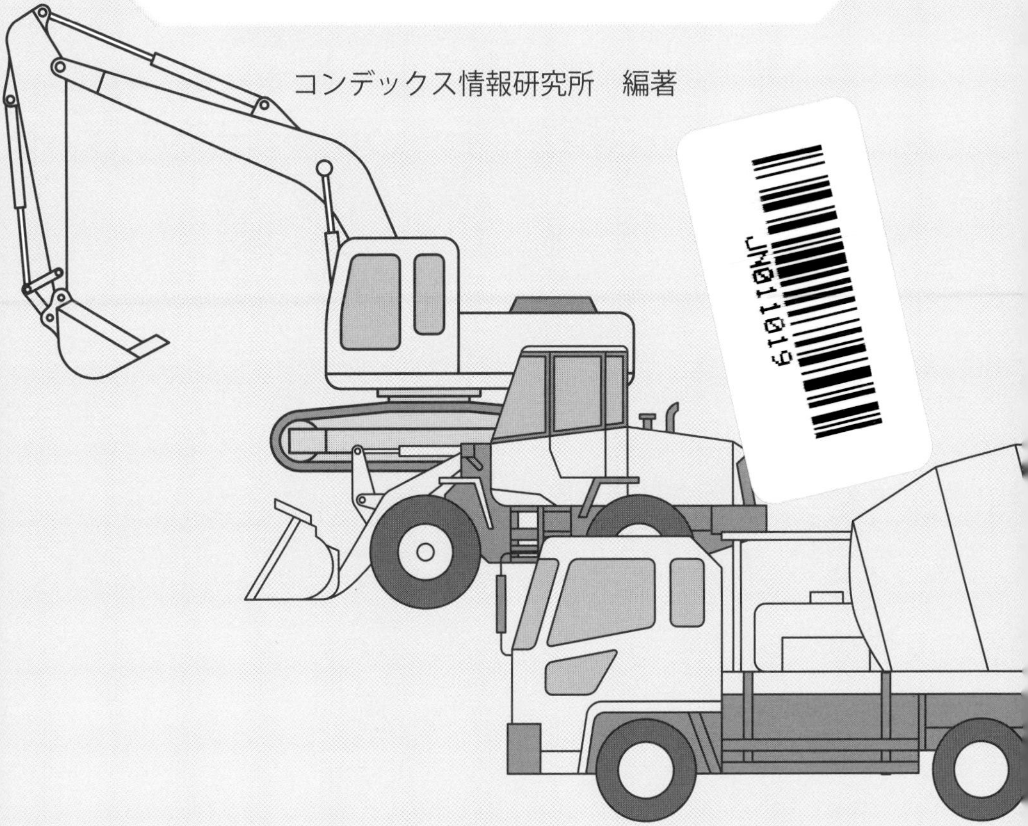

成美堂出版

本書の使い方

本書は、新制度の１級土木施工管理技術検定（第一次検定・第二次検定）の攻略本です。第１部の「ゴロ合わせ編」では、重要事項をゴロ合わせで覚えながら、図表にまとめた頻出事項を効率よく学習できます。また、付属の赤シートを使えば、穴埋め問題としても活用できます。

第２部の「過去問編」では、注意が必要な「ひっかけ問題」を確認して、正確な知識を習得することができます。

◆一次・二次マーク
第一次検定で出題されるものと第二次検定でも出題されるものが一目でわかる！

◆ゴロ合わせ
イラスト入りのゴロ合わせで、楽しみながら重要事項が暗記できる！

◆豊富な図表
豊富な図表で、要点を効率的に学習できる！

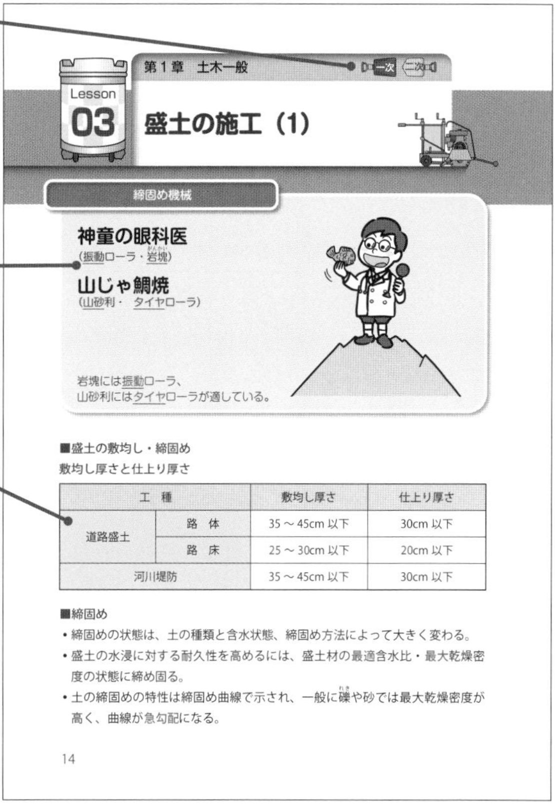

第１章　土木一般　一次　二次

Lesson 03

盛土の施工（1）

締固め機械

■盛土の敷均し・締固め

敷均し厚さと仕上り厚さ

工　種		敷均し厚さ	仕上り厚さ
道路盛土	路　体	35～45cm 以下	30cm 以下
	路　床	25～30cm 以下	20cm 以下
河川堤防		35～45cm 以下	30cm 以下

■締固め

- 締固めの状態は、土の種類と含水状態、締固め方法によって大きく変わる。
- 盛土の水浸に対する耐久性を高めるには、盛土材の最適含水比・最大乾燥密度の状態に締め固る。
- 土の締固めの特性は締固め曲線で示され、一般に礫《れき》や砂では最大乾燥密度が高く、曲線が急勾配になる。

14

＊本書は、原則として、2023 年 12 月現在の情報に基づいて編集しています。

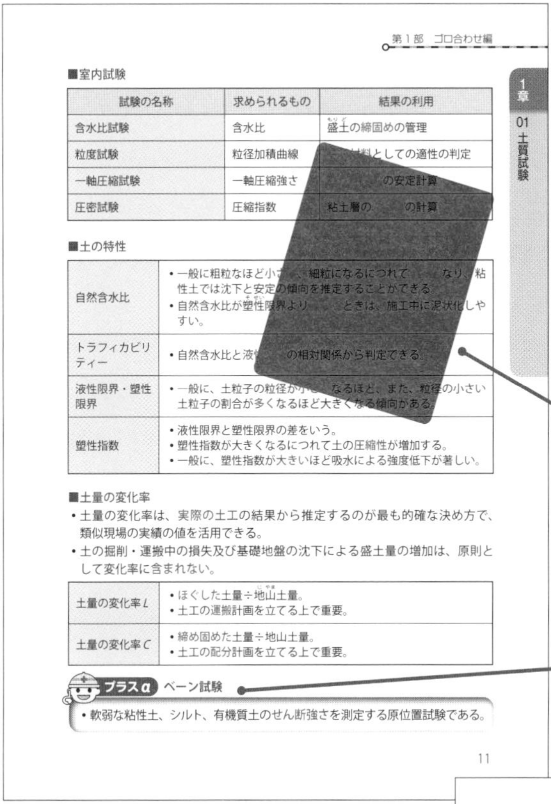

■室内試験

試験の名称	求められるもの	結果の利用
含水比試験	含水比	盛土《もりど》の締固めの管理
粒度試験	粒径加積曲線	材料としての適性の判定
一軸圧縮試験	一軸圧縮強さ	の安定計算
圧密試験	圧縮指数	粘土層の　の計算

■土の特性

自然含水比	• 一般に粗粒なほど小さ　、細粒になるにつれて　なり、粘性土では沈下と安定の傾向を推定することができる。 • 自然含水比が塑性《そせい》限界より　ときは、施工中に泥状化しやすい。
トラフィカビリティー	• 自然含水比と液性　の相対関係から判定できる。
液性限界・塑性限界	• 一般に、土粒子の粒径が小さ　なるほど、また、粒径の小さい土粒子の割合が多くなるほど大きくなる傾向がある。
塑性指数	• 液性限界と塑性限界の差をいう。 • 塑性指数が大きくなるにつれて土の圧縮性が増加する。 • 一般に、塑性指数が大きいほど吸水による強度低下が著しい。

■土量の変化率

• 土量の変化率は、実際の土工の結果から推定するのが最も的確な決め方で、類似現場の実績の値を活用できる。
• 土の掘削・運搬中の損失及び基礎地盤の沈下による盛土量の増加は、原則として変化率に含まれない。

土量の変化率 L	• ほぐした土量÷地山《じやま》土量。 • 土工の運搬計画を立てる上で重要。
土量の変化率 C	• 締め固めた土量÷地山土量。 • 土工の配分計画を立てる上で重要。

プラスα　ベーン試験
• 軟弱な粘性土、シルト、有機質土のせん断強さを測定する原位置試験である。

◆赤シート
付属の赤シートを使えば、穴埋め問題としても活用できる！

◆プラスα
大事な追加知識も、ここで確認できる！

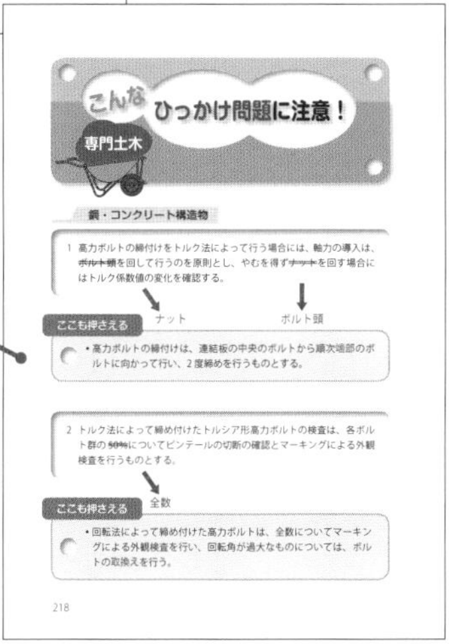
こんなひっかけ問題に注意！
専門土木

鋼・コンクリート構造物

1　高力ボルトの締付けをトルク法によって行う場合には、軸力の導入は、~~ボルト頭~~を回して行うのを原則とし、やむを得ず~~ナット~~を回す場合にはトルク係数値の変化を確認する。

ナット　　ボルト頭

ここも押さえる
• 高力ボルトの締付けは、連結板の中央のボルトから順次端部のボルトに向かって行い、２度締めを行うものとする。

2　トルク法によって締め付けたトルシア形高力ボルトの検査は、各ボルト群の ~~50%~~ についてピンテールの切断の確認とマーキングによる外観検査を行うものとする。

全数

ここも押さえる
• 回転法によって締め付けた高力ボルトは、全数についてマーキングによる外観検査を行い、回転角が過大なものについては、ボルトの取換えを行う。

218

第２部「過去問編」では、「こんなひっかけ問題に注意！」で過去問にチャレンジしながら、頻出事項を確認できます。

スピード攻略！

1級土木施工管理技術検定 集中レッスン

CONTENTS

第２部　過去問編

こんなひっかけ問題に注意！

1級土木施工管理技術検定 ガイダンス

検定に関する情報は変わることがありますので、受検する場合は検定実施団体の発表する最新情報を、必ずご自身でご確認ください。

■試験日・合格発表日（例年）

第一次検定　試験日　7月　　合格発表日　8月
第二次検定　試験日　10月　　合格発表日　翌年1月

■合格基準

第一次検定　全体の得点が60%以上
かつ検定科目（施工管理法（応用能力））の得点が60%以上
第二次検定　得点が60%以上

■試験内容

第一次検定	土木工学等	1. 土木一式工事の施工の管理を適確に行うために必要な土木工学、電気工学、電気通信工学、機械工学及び建築学に関する一般的な知識。 2. 土木一式工事の施工の管理を適確に行うために必要な設計図書に関する一般的な知識。
	施工管理法	1. 監理技術者補佐として、土木一式工事の施工の管理を適確に行うために必要な施工計画の作成方法及び工程管理、品質管理、安全管理等工事の施工の管理方法に関する知識。 2. 監理技術者補佐として、土木一式工事の施工の管理を適確に行うために必要な応用能力。
	法　規	建設工事の施工の管理を適確に行うために必要な法令に関する一般的な知識。
第二次検定	施工管理法	1. 監理技術者として、土木一式工事の施工の管理を適確に行うために必要な知識。 2. 監理技術者として、土質試験及び土木材料の強度等の試験を正確に行うことができ、かつ、その試験の結果に基づいて工事の目的物に所要の強度を得る等のために必要な措置を行うことができる応用能力。 3. 監理技術者として、設計図書に基づいて工事現場における施工計画を適切に作成すること、または施工計画を実施することができる応用能力。

■検定に関する問合せ先

一般財団法人 全国建設研修センター 試験業務局土木試験部土木試験課
〒187-8540　東京都小平市喜平町2-1-2
TEL　042（300）6860
HPアドレス　https://www.jctc.jp/

第1部 ゴロ合わせ編

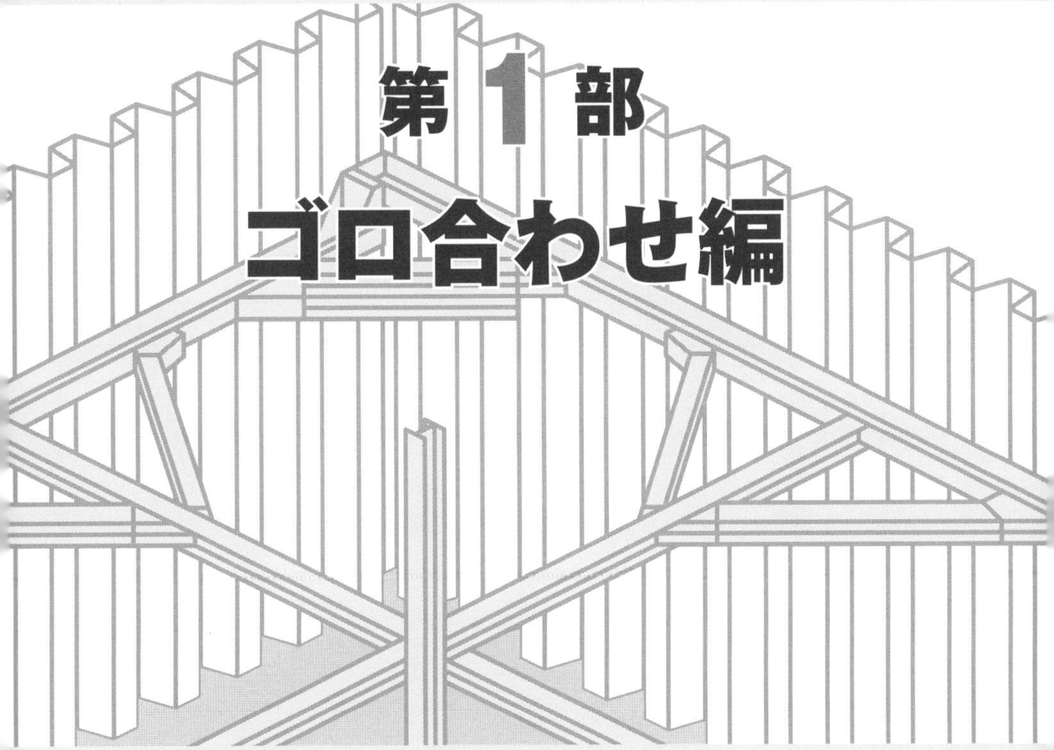

Lesson 01

土質試験

標準貫入試験

うちの地盤の支持率は
（地盤の支持力）

現地に
（原位置試験）

潜入して調べる
（標準貫入試験）

標準貫入試験は、地盤支持力の判定に使用される原位置試験である。

■原位置試験

試験の名称	求められるもの	結果の利用
標準貫入試験	N 値	砂の相対密度・粘土のコンシステンシーの推定
ポータブルコーン貫入試験	貫入抵抗値	トラフィカビリティーの判定
オランダ式二重管コーン貫入試験	貫入抵抗値	砂層の支持力・粘性土の粘着力の推定
スウェーデン式サウンディング試験	静的貫入抵抗値	土層の締まり具合の判定
RI 計器による土の密度試験	土の含水比	締固《しめかた》めの施工管理
平板載荷試験	地盤反力係数	締固めの施工管理
現場透水試験	透水係数	湧水量・排水工法の検討

■室内試験

試験の名称	求められるもの	結果の利用
含水比試験	含水比	盛土《もりど》の締固めの管理
粒度試験	粒径加積曲線	建設材料としての適性の判定
一軸圧縮試験	一軸圧縮強さ	細粒土地盤の安定計算
圧密試験	圧縮指数	粘土層の沈下量の計算

■土の特性

自然含水比	• 一般に粗粒なほど小さく、細粒になるにつれて大きくなり、粘性土では沈下と安定の傾向を推定することができる。 • 自然含水比が塑性《そせい》限界より大きいときは、施工中に泥状化しやすい。
トラフィカビリティー	• 自然含水比と液性限界の相対関係から判定できる。
液性限界・塑性限界	• 一般に、土粒子の粒径が小さくなるほど、また、粒径の小さい土粒子の割合が多くなるほど大きくなる傾向がある。
塑性指数	• 液性限界と塑性限界の差をいう。 • 塑性指数が大きくなるにつれて土の圧縮性が増加する。 • 一般に、塑性指数が大きいほど吸水による強度低下が著しい。

■土量の変化率

- 土量の変化率は、実際の土工の結果から推定するのが最も的確な決め方で、類似現場の実績の値を活用できる。
- 土の掘削・運搬中の損失及び基礎地盤の沈下による盛土量の増加は、原則として変化率に含まれない。

土量の変化率 *L*	• ほぐした土量÷地山《じやま》土量。 • 土工の運搬計画を立てる上で重要。
土量の変化率 *C*	• 締め固めた土量÷地山土量。 • 土工の配分計画を立てる上で重要。

プラスα　ベーン試験

- 軟弱な粘性土、シルト、有機質土のせん断強さを測定する原位置試験である。

Lesson 02

盛土材料

盛土材料

盛りそばの材料は
(盛土の材料)

のばし固めがしやすく
(敷均《しきなら》し・締固めが容易)

切れにくく
(せん断)

縮みにくいものを
(圧縮)

盛土の材料に求められる性質は、敷均し・締固めが容易であること、せん断強さが大きく、圧縮性（沈下量）が小さいことなどである。

■盛土材料

- 盛土の安定や沈下などが問題となる材料は、法面《のりめん》表層部・緑地等に使用し、岩塊や礫質土は、排水処理と安定性向上のため法尻《のりじり》に使用する。
- 支持力や施工性が確保できない建設発生土は、現場内で発生する他の材料と混合したり、セメントや石灰による安定処理をして使用する。
- 高含水比の建設発生土は、なるべく薄く敷き均した後、十分な放置期間をとって曝気《ばっき》乾燥を行うか、処理材を混合調整して使用する。
- 粘性土の盛土では、こね返しによる強度低下が生じやすいため、自然含水比やコンシステンシー限界を把握する必要がある。
- 粘性土のせん断強さは他の材料に比べて弱いため、粘性土主体の高盛土を施工する場合は、盛土の安定性照査を行う必要がある。

■建設発生土の利用

- 自然含水比が高い建設発生土を盛土などに使用する場合は、水切りや天日乾燥を行う。
- 高含水比の粘性土の建設発生土は、高盛土に用いる場合、透水性のよい山砂により一定の高さごとに盛土内に排水層を設けて使用する。
- 泥土は、固化材を添加して、構造物の裏込《うらご》め土として使用することができる。
- 建設発生土を埋戻《うめもど》し材に用いる場合は、圧縮性の小さい材料を用いる。
- 擁壁《ようへき》や橋台《きょうだい》などの構造物の裏込めに建設発生土を使用する場合は、透水性の高い材料を使用する。

■建設発生土の土質区分

第 1 種	• 砂・礫及びこれらに準ずるもの。
第 2 種	• 砂質土・礫質土及びこれらに準ずるもの。
第 3 種	• 通常の施工性が確保される粘性土及びこれに準ずるもの。
第 4 種	• 粘性土及びこれに準ずるもの（第 3 種建設発生土を除く）。

■道路用盛土への適用

路　床	• 第 1 種・第 2 種（礫質土）のような細粒分が少なく含水比の低い土を用いる場合は，砂質系土などを混合する。 • 第 3 種・第 4 種を用いる場合は、一般的にセメントや石灰などによる安定処理を行う。
路　体	• 敷均し・締固めの施工が容易で、かつ、締め固めた後の強さが大きく、雨水などの侵食に対して強く、吸水による膨潤性が低いものを用いる。 • 第 1 種から第 3 種を用いる場合は、巨礫などを取り除き、粒度分布に留意すれば、一般的にはそのまま利用が可能である。

プラスα　基礎地盤処理

- 伐開除根《ばっかいじょこん》
- 排水溝・サンドマットによるトラフィカビリティーの確保
- 段切り・かき均しによる勾配《こうばい》・段差処理

Lesson 03

盛土の施工（1）

締固め機械

神童の眼科医
（振動ローラ・岩塊《がんかい》）

山じゃ鯛焼
（山砂利・　タイヤローラ）

岩塊には振動ローラ、
山砂利にはタイヤローラが適している。

■盛土の敷均し・締固め

敷均し厚さと仕上り厚さ

工　種		敷均し厚さ	仕上り厚さ
道路盛土	路　体	35 ～ 45cm 以下	30cm 以下
	路　床	25 ～ 30cm 以下	20cm 以下
河川堤防		35 ～ 45cm 以下	30cm 以下

■締固め

- 締固めの状態は、土の種類と含水状態、締固め方法によって大きく変わる。
- 盛土の水浸に対する耐久性を高めるには、盛土材の最適含水比・最大乾燥密度の状態に締め固る。
- 土の締固めの特性は締固め曲線で示され、一般に礫《れき》や砂では最大乾燥密度が高く、曲線が急勾配になる。

- 締め固めた土の強度特性は、締固め直後の状態では、一般に最適含水比よりやや低い含水比で強度が最大となる。
- 盛土材料が細粒分を含まない礫質土の場合は、含水比の変動によって締固め後の土の強度特性が大きく変化することはない。

■施工上の注意点

- 盛土端部や隅部などは、締固めが不十分になりがちなので注意する。
- 構造物の周辺は、締固め機械が近寄りにくいため、小型の突固《つきかた》め機等を使用して入念に締め固める。
- 盛土内に雨水などが浸入するのを防ぐため、盛土表面に数%の横断勾配を付ける。

■ TS（トータルステーション）・GNSS（衛星測位システム）による盛土の情報化施工

- 情報化施工による工法規定方式の施工管理では、使用する締固め機械の種類、締固め回数、走行軌跡が綿密に把握できる。
- 締固め機械の走行軌跡による締固め管理では、走行軌跡を自動追跡することによって、所定の締固め回数が確認でき、踏み残し箇所を大幅に削減できる。
- 盛土のまき出し厚や締固め回数は、使用予定材料の種類ごとに、事前に試験施工で表面沈下量・締固め度を確認し、決定する。
- 試験施工と同じ土質・含水比の盛土材料を使用し、試験施工で決定したまき出し厚・締固め回数で施工した盛土は、現場密度試験を省略できる。
- 情報化施工による盛土の締固め管理では、土質が変化した場合や締固め機械を変更した場合、改めて試験施工を実施し、所定の締固め回数を定めなければならない。
- 自動追尾 TS と締固め機械との間に視通を遮《さえぎ》る障害物があると、機械の位置を把握することができなくなるため、TS を施工範囲全体が見渡せる高所に設置する。

プラスα　マシンガイダンス技術

- TS や GNSS の計測技術を用いて、施工機械の位置情報・施工情報及び施工状況と三次元設計データとの差分をオペレータに提供する技術である。

Lesson 04

盛土の施工（2）

段切り

1対4で急に
（1：4より急）

だんごで切り
（段切り）

原地盤の勾配が1：4より急な場合は、
段切りを行い、盛土がすべらないようにする。

■特殊な箇所の盛土

- 切土《きりど》と盛土の境界部においては、完成後に盛土部が沈下することが多いため、盛土部の地山の傾斜地盤には段切りを行う。
- 既設の盛土に腹付《はらづ》け盛土を施工する場合は、既設の盛土法面《のりめん》を段切りして新しい盛土を施工する。
- 傾斜地盤上の盛土は、豪雨や地震時に変状が生じやすいため、締固め度の管理基準値を通常より高めに設定する。

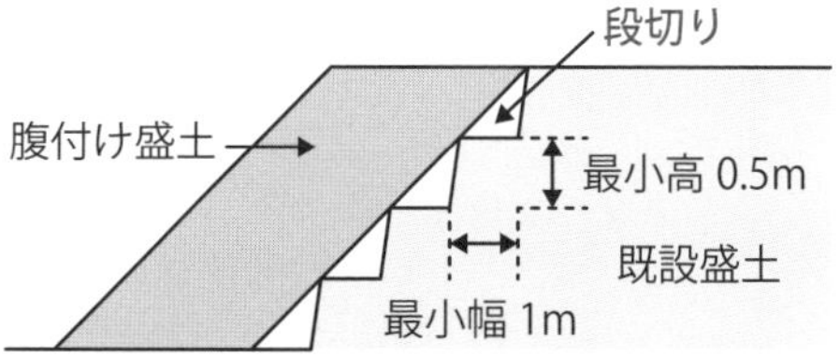

腹付け盛土の例

■裏込め・埋戻し

- 裏込め材や埋戻し材料は、供用開始後の段差の発生や土圧増加を抑制するため、圧縮性が小さく、透水係数の大きいものを使用する。
- 裏込め材や埋戻し材料は、細粒分の少ない粗粒土を用いることを基本とし、さらに圧縮性、透水性の観点から土質試験の塑性指数 10 以下を適用範囲とする。
- 湧水量の多い場所に設置する構造物の裏込め部には、透水性の高い砂利・切込み砕石などを用いた基盤排水層を設置する。
- 構造物接続部の裏込め・埋戻しの敷均しは、仕上り厚 20 ～ 30cm 程度とし、締固めは路床と同程度に行う。

■盛土内の地下排水工

- 地山の表面に設ける基盤排水層は、地盤基盤面に層厚 50cm 程度以上とし、砕石や砂などで施工する。
- 水平排水層は、盛土内部の間隙水圧を低下させて盛土の安定性を高めるため、透水性のよい材料を用い、層厚 30cm 以上で施工する。

■地下排水溝

- 施工中における盛土の変位や不慮の破損及び目詰まりなどを考慮して、網目状に配置する。
- 傾斜地盤上の盛土は、盛土内へ湧水が浸透しないように、地下排水溝を配置することが望ましい。
- 山地部の沢部を埋めた盛土では、流水や湧水の有無にかかわらず地下排水溝を設置する。

プラスα　ジオテキスタイルを用いた補強盛土

ジオテキスタイルによる補強が効果的なもの

- 傾斜地盤上の片切り片盛りの道路
- 軟弱地盤の盛土
- 浸食を受けやすい土で築造される盛土
- 急勾配盛土

Lesson 05

切土の法面保護工・軟弱地盤対策

サンドコンパクションパイル工法

スナックみたいな
(砂杭《すなぐい》)

コンパクトなサンドイッチ
(サンドコンパクションパイル工法)

湿って硬め
(締固め)

サンドコンパクションパイル工法は、
地中に締め固めた砂杭を造成する工法である。

■法面保護工の選定

- 植生可能な土質で、すべりに対して安定であれば、植生工を用いる。
- 侵食・表層すべりを起こしやすい場合は、植生工と編柵《あみしがら》工、法枠《のりわく》工などを併用する。

■構造物による法面保護工

法枠工《のりわくこう》	• 湧水のある場所に用いる。
ブロック張り工・ 石張り工	• 表面水が集中して流下するおそれのある場所、橋梁下などの日の当たらない場所に用いる。
モルタル吹付け工・ コンクリート吹付け工	• 風化が進行する土砂・岩などの法面に用いる。 • 湧水のある場所、湿潤な法面、凍上する法面には用いない。
法面アンカー工	• 亀裂の多い岩の法面、大きな浮石《うきいし》のある法面に用いる。
法面蛇《じゃ》かご工	• 湧水の多い法面を被覆し、土砂の流出防止のために用いる。

■主な軟弱地盤対策工法

表層混合処理工法	•表層部分の軟弱なシルト・粘土と固化材とを攪拌《かくはん》混合することにより、地盤の安定やトラフィカビリティーの改善を図る。
深層混合処理工法	•原位置の軟弱土と固化材を攪拌混合することにより、地中に強固な柱体状等の安定処理土を形成し、すべり抵抗の増加や沈下の低減を図る。
サンドマット工法	•地盤の表面に一定の厚さの砂を敷設することで、軟弱層の圧密のための上部排水の促進と施工機械のトラフィカビリティーの確保を図る。
サンドドレーン工法	•地盤中に透水性の高い砂柱を鉛直に造成することにより、水平方向の排水距離を短くして圧密を促進し、地盤の強度増加を図る。
サンドコンパクションパイル工法	•地盤内に鋼管を貫入して管内に砂等を投入し、振動により締め固めた砂杭を地中に造成することにより、支持力の増加等を図る。
締固め工法	•地盤に砂などを圧入、または動的な荷重を与え地盤を締め固めることにより、液状化の防止や支持力増加を図る。
緩速載荷工法	•盛土の施工にあたって地盤が破壊しない範囲で、時間をかけてゆっくり盛土し、圧密による強度増加を図る。
荷重軽減工法	•土に比べて軽量な材料で盛土を施工することにより、地盤や構造物にかかる荷重を軽減し、全沈下量の低減、安定確保及び変形対策を図る。
盛土載荷重工法	•構造物や構造物に隣接する盛土などの荷重と同等またはそれ以上の盛土荷重を載荷したのち、盛土を取り除いて地盤の強度増加を図る。
押え盛土工法	•施工中に生じる盛土のすべり破壊に対して所要の安全率が得られない場合、盛土本体の側方部を押さえて盛土の安定を図る。

プラスα ディープウェル工法

•地盤中の地下水位を低下させることにより、それまで受けていた浮力に相当する荷重を下層の軟弱層に載荷して、地盤の強度増加等を図る。

Lesson 06

コンクリート用骨材

骨材の密度

絶対完走！密着して
（絶乾密度）

２人で GO ！
（2.5g/cm³ 以上）

骨材は、絶乾密度を標準とし、
原則として 2.5g/cm³ 以上とする。

■骨材の性質

砕　石	• ワーカビリティーの良好なコンクリートを得るためには、砂利・砂を用いた場合と比べて単位水量を大きくする必要がある。 • 最大寸法 20mm の砕石の場合、粒形判定実積率の値は、56%以上でなければならない。
砕　砂	• 細骨材に用いる砕砂は、角ばりの形状ができるだけ小さく、細長い粒や偏平《へんぺい》な粒の少ないものを選定する。 • 粒形判定実積率の値は、54%以上でなければならない。 • 材料分離を抑えるには、砕砂中に 3 ～ 5%の石粉が混入しているほうがよい。

■骨材の含水状態

- 吸水率・表面水率を表すときは表乾状態を基準とし、示方《しほう》配合（計画配合）ではこの状態での骨材重量を示す。
- コンクリートの単位水量は、骨材が表乾状態にあるものとして計算する。

■細骨材

- 細骨材は、清浄・堅硬・耐久性をもち、化学的あるいは物理的に安定し、有機不純物・塩化物などを有害量含まないものとする。
- 細骨材中に含まれる粘土塊量の試験に用いる試料は、微粒分量試験を行った後にふるいに残ったものを用いる。
- コンクリートの表面がすり減り作用を受ける場合は、細骨材に含まれる微粒分量の最大値を小さくする。
- 密度が小さく、吸水率が大きい細骨材は、一般に細骨材を構成する骨材粒子が多孔質で強度が小さい。
- 細骨材の骨材粒子が多孔質であると、コンクリートの耐凍害性は低下する。
- 異種類の細骨材を混合して用いる場合は、混合した後の細骨材の吸水率の品質が満足されている場合でも、混合する前の各細骨材について吸水率の品質を満足しなければならない。
- 異種類の細骨材を混合して用いる場合の塩化物量については、混合後の試料で塩化物量を測定し、規定に適合すればよい。
- 同一種類の細骨材を混合して使用する場合は、混合した後の絶乾密度の品質が満足されている場合でも、混合する前の各骨材について絶乾密度の品質を満足しなければならない。

■再生骨材

再生骨材Ｈ	• 通常の骨材とほぼ同様な品質を有し、レディーミクストコンクリート用骨材として用いられる。 • 吸水率は、3.0%以下でなければならない。
再生骨材Ｍ	• 乾燥収縮や凍結融解作用を受けにくい部材への適用に限定される。
再生骨材Ｌ	• 安価だが、強度や耐久性が必要とされるものには使用できない。

プラスα　アルカリシリカ反応対策

- アルカリシリカ反応性試験で区分Ａ「無害」と判定される骨材を使用する。
- 安定性損失質量の大きい細骨材を使用する。

Lesson 07

コンクリートの配合・混和材

凍害と AE コンクリート

「納豆がいや」
（凍害）

「そんなこと言わずに」

「えー。いや今度ね」
（AE コンクリート）

凍害を防止するため、気象環境の厳しいところでは、AE コンクリートを用いる。

■コンクリートの配合

スランプ	• 運搬・打込み・締固め等の作業に適する範囲内で、できるだけ小さくなるように設定する。 • コンクリート単位体積当たりの鋼材量が多くなるほど大きくする。
水セメント比	• コンクリートに要求される強度・耐久性・水密性などを考慮して、これらから定まる水セメント比のうちで、最も小さい値を設定する。
単位水量	• 作業ができる範囲内でできるだけ小さくなるように設定する。 • その値が大きくなると材料分離抵抗性の低下、乾燥収縮の増加、コンクリートの品質低下につながる。
粗骨材の最大寸法	• 単位水量や単位セメント量を小さくし経済的なコンクリートにするには、一般に粗骨材の最大寸法を大きくするほうが有利である。
細骨材率	• 所要のワーカビリティーが得られる範囲内で単位水量ができるだけ小さくなるように設定する。 • スランプが 8cm 程度のコンクリートを作る場合、粗骨材最大寸法が大きいほど細骨材率を小さくする。

空気量	• 粗骨材の最大寸法その他に応じて、練上がり時のコンクリート容積の4～7%を標準とする。 • 空気量が増すとコンクリートの強度は小さくなる。

■スランプ

• 練上り時のコンクリートの目標スランプは、打込みの最小スランプに対し、コンクリートの運搬や時間経過に伴うスランプの低下を考慮する。
• 打込みの最小スランプは、打込み時に円滑かつ密実に型枠《かたわく》内に打ち込むために必要な最小のスランプで、鋼材量や鋼材の最小あきなどの配筋条件や施工条件などにより決定される。
• 締固め作業高さによる打込み最小スランプは、締固め作業高さが高くなるほど大きく設定する。

■コンクリートの収縮・ひび割れ防止

乾燥収縮	• 最大寸法の大きい粗骨材を使用するなどして、単位水量を少なくする。
沈下ひび割れ	• 単位水量の少ない配合とする。
温度ひび割れ	• 単位セメント量をできるだけ少なくする。

■混和材

フライアッシュ	• コンクリートのワーカビリティーを改善し、単位水量を減らすことができる。 • マスコンクリートの水和熱による温度上昇が小さくなるので、温度応力によるひび割れ発生を抑制する上で有効である。
AE 減水剤	• コンクリートのワーカビリティーを改善し、単位水量を減らすことができる。
膨張《ぼうちょう》材	• コンクリートの乾燥収縮や硬化収縮に起因するひび割れの発生を低減する。
高炉スラグ微粉末	• 水密性を高め、塩化物イオンのコンクリート中への浸透の抑制に効果的である。

Lesson 08 コンクリートの施工（1）

コンクリートの打設

シュートは縦回転
（シュートは縦）

斜めから狙うなら
（斜めシュート）

ブレに気をつけろ
（材料分離に注意）

高いところからシュートを用いて打設する場合には、縦シュートの使用を原則とする。やむを得ず斜めシュートを用いる場合には、材料分離を起こさない程度の傾きとする。

■コンクリートの運搬・圧送等

- 練り混ぜてから打ち終わるまでの時間は、外気温が25℃以下のときで2時間以内、25℃を超えるときで1.5時間以内を標準とする。
- コンクリートを圧送する場合は、これに先立ち、使用するコンクリートの水セメント比以下の先送りモルタルを圧送する。
- 管内閉塞《へいそく》を生じることなく円滑な圧送を行うためには、できるだけ単位紛体量を多くする。

■ポンプ圧送時の管内圧力損失

吐出量が一定の場合	• 配管径が小さいほど大きい。
スランプが同一の場合	• 粗骨材の最大寸法が大きいほど大きい。

■コンクリートの打込み

- １層当たりの打込み高さは、棒状バイブレータの振動部分の長さよりも小さくなるようにする。
- コンクリートと接して吸水のおそれのある型枠の部分は、あらかじめ湿らせる。
- 型枠内にコンクリートを打ち込む場合には、型枠内で横移動させると材料分離が生じる可能性があるので、目的の位置にコンクリートをおろして打ち込む。
- 高さが大きい型枠内にコンクリートを打ち込む場合には、吐出口から打込み面までの落下の高さを小さくしてコンクリートの材料分離を防ぐ。
- 打込み時にシュートを用いる場合は、縦シュートを標準とする。
- コンクリートを２層以上に分けて打ち込む場合、上層のコンクリートの打込みは、下層のコンクリートが固まり始める前に行う。
- 許容打重ね時間間隔は、外気温が 25℃以下のときは 2.5 時間、25℃を超えるときは 2.0 時間を標準とする。
- コンクリートの打上がり面に集まったブリーディング水は、取り除いてから次のコンクリートを打ち込む。

■コンクリートの締固め

- 部材厚が大きい構造物のコンクリートの締固めには、原則として内部振動機（棒状バイブレータ）を用いる。
- 内部振動機は、コンクリート中に鉛直に差し込み、引き抜くときはゆっくりと引き抜くようにする。
- コンクリートを打ち重ねる場合は、上層と下層が一体となるよう、内部振動機を下層コンクリート中に 10cm 程度挿入して締め固める。
- 締固めにおいては、打ち込まれたコンクリートからエントレインドエアを追い出さないようにする。
- いったん締固めが完了した後、再振動を行う場合は、再振動によってコンクリートの締固めが可能な範囲でできるだけ遅い時期がよい。

プラスα　コンクリートの運搬

- スランプが 5cm 以下のコンクリートの運搬には、10km 以内の現場まではダンプトラックを使用してもよい。

Lesson 09 コンクリートの施工（2）

練混ぜ開始から打込み終了までの時間

時短バイト

25歳までは　2時間OK
(25℃以下)　(120分以内)

25歳超えたら90分までよ
(25℃超)　(90分以内)

コンクリートの練《ねり》混《ま》ぜ開始から打込み終了までの時間は、外気温が25℃以下の場合は120分、25℃を超える場合は90分を限度とする。

■型枠に作用するコンクリートの側圧

- コンクリートのスランプ、単位容積質量、打込み速度、圧縮強度が大きいほど、型枠に作用する側圧は大きくなる。
- コンクリートの温度が低いほど、型枠に作用する側圧は大きくなる。

■暑中コンクリートの施工

- 暑中コンクリートとは、日平均気温が25℃を超える時期に施工するコンクリートをいう。
- 運搬中のスランプの低下、連行空気量の減少、コールドジョイントの発生防止のため、打込み時のコンクリート温度の上限は35℃以下を標準とする。
- 練上がりコンクリートの温度を低くするために、なるべく低い温度の練混ぜ水を用いる。
- 練上がり温度の10℃の上昇に対し、所要のスランプを得るために単位水量が2～5%増加する傾向がある。

- 練混ぜ開始から打ち終わるまでの時間は、1.5 時間以内を原則とする。
- コールドジョイントの発生防止のため、減水剤、AE 減水剤及び流動化剤については、遅延形のものを用いる。

注意 • 標準形ではない！

■コンクリートの養生《ようじょう》

湿潤養生期間

日平均気温	普通ポルトランドセメント	混合セメント B 種
15℃以上	5 日	7 日
10℃以上	7 日	9 日
5℃以上	9 日	12 日

- コンクリートの露出面に対して、まだ固まらないうちに散水やシート養生などを行う場合には、コンクリート表面を荒らさないで作業ができる程度に硬化した後に開始する。
- 養生のため型枠を取り外した後にシートやフィルムによる被覆を行う場合は、できるだけ速やかに行う。
- コンクリートの膜《まく》養生は、一般に打ち込まれたコンクリートの表面の水光りが消えた直後に膜養生剤の散布を行う。

■各種コンクリートの養生

寒中コンクリート	• 型枠の取外し直後にコンクリート表面が水で飽和される頻度が高い場合の方が、低い場合より養生期間が長くなる。 • 初期凍害を防止できる強度が得られるまでコンクリート温度を 5℃以上に保ち、さらに 2 日間は 0℃以上に保つ。
暑中コンクリート	• 打込み終了後に直射日光や風により急激に乾燥してひび割れを生じることがあるため、露出面が乾燥しないように速やかに行う。
マスコンクリート	• コンクリート温度をできるだけ緩やかに外気温に近づけるようにし、必要以上の散水は避ける。 • 打込み後に実施するパイプクーリング通水用の水は、コンクリート温度との差が 20℃程度以下となるようにする。

Lesson 10

鉄筋の加工・組立

鉄筋の加工

加熱後の腹筋は
（加熱加工後の鉄筋）

急冷禁止！
（急冷してはならない）

径の太い鉄筋などを熱して加工するときは、加熱温度を十分管理し、加熱加工後は急冷させてはならない。

■鉄筋の加工・組立

- 鉄筋は、常温で加工することが原則である。
- やむを得ず加熱加工した場合は、急冷させない。
- 気温が 5℃を下回る条件では、原則として曲げ加工は行わない。
- やむを得ず 5℃以下で加工する場合は、80℃未満の範囲で鉄筋の温度を上げておく。
- いったん曲げ加工した鉄筋を曲げ戻すのは避ける。
- 施工継目において一時的に曲げた鉄筋は、所定の位置に曲げ戻す必要が生じた場合、900 ～ 1,000℃程度に加熱して行う。
- やむを得ず溶接した鉄筋を曲げ加工する場合には、溶接した部分より鉄筋直径の 10 倍分だけ離れたところで行う。
- 繰返し荷重を受ける構造物の鉄筋組立は、鉄筋が強固に組み上がるように、焼きなまし鉄線を用いて鉄筋の交点を結束する。

注意 • 点溶接を用いるのではない！

■スペーサー

- 型枠に接するスペーサーは、本体コンクリートと同程度以上の品質を有するモルタル製あるいはコンクリート製とすることを原則とする。
- スペーサーの数は必要最小限とし、1m^{2}当たり2～4個程度を目安に配置する。

■鉄筋の継手《つぎて》

- 鉄筋の継手の位置は、一断面に集中させないように互いにずらして設ける。
- 継手位置を軸方向に相互にずらす距離は、継手の長さに鉄筋直径の25倍を加えた長さ以上とする。
- 継手部と隣接する鉄筋とのあき、または継手部相互のあきは、粗骨材の最大寸法より大きくする。
- 重ね継手の長さは、付着応力度より算出する重ね継手長以上、かつ、鉄筋の直径の20倍以上とする。
- 重ね継手における重ね合わせ長さは、鉄筋径が大きい方が、鉄筋径が小さい場合より長い。
- 重ね継手部分を焼なまし鉄線で緊結する場合、焼なまし鉄線を巻く長さは、できるだけ短くする。
- 横方向鉄筋の継手は、鉄筋を直接接合する継手を用いることとし、原則として重ね継手を用いてはならない。

■ガス圧接継手

- ガス圧接継手における鉄筋の圧接端面は、軸線に直角に切断する。
- ガス圧接継手において、直近の異なる径の鉄筋の接合は、可能である。
- 鉄筋の切断及び圧接端面の加工は、圧接作業当日に行い、圧接技量資格者により圧接作業直前にその状態を確認する。

注意 • 前日に行うのではない！

プラスα 浮き錆《さび》の除去

- 組立の前、コンクリート打込みの前には、浮き錆等を取り除く。

Lesson 11

基礎の種類・直接基礎

粘性土層の N 値

一年生だけど……。
（粘性土層）

**あっ見ちゃった！
おそれるものなし**
（圧密のおそれなし）

20 点
（N 値 20 以上）

一般に、粘性土層を直接基礎の支持層としてもちいる場合は、圧密のおそれがなく、N 値が 20 程度以上あれば良質な支持層と考えてよい。

■基礎の種類

直接基礎	• 一般に支持層位置が浅い場合に用いられ、その安定性は基礎底面の鉛直支持力に依存している。
杭基礎	• 支持杭基礎と摩擦杭基礎に区分され、長期的な基礎の変位を防止するためには一般に支持杭基礎とする。 • 支持杭基礎における杭先端の支持層への根入《ねい》れ深さは、少なくとも杭径程度以上を確保する。
ケーソン基礎	• 沈設時に基礎周面の摩擦抵抗を低減する措置がとられるため、鉛直荷重に対しては周面摩擦による分担支持を期待せず、基礎底面のみで支持することを原則とする。
鋼管矢板《やいた》基礎	• 打込み工法、または中掘り工法による先端支持とし、また井筒《いづつ》部の下端拘束《こうそく》を地盤により期待する構造体であるため、支持層への根入れが必要となる。

■直接基礎の施工

- 直接基礎の底面は、支持地盤に密着させることで、滑動《かつどう》抵抗を十分に期待できるように処理しなければならない。
- 基礎が滑動するときのせん断面は、基礎の床付《とこづ》け面のごく浅い箇所に生じることから、施工時に地盤に過度の乱れが生じないようにする。
- 擁壁の直接基礎の施工にあたっては、擁壁の安定性を確保するため、掘削時に基礎地盤を緩めたり、必要以上に掘削することのないように処理する。

■基礎地盤の状態

砂地盤の場合	• 基礎底面地盤を整地し、その上に割栗石《わりぐりいし》や砕石を配置する。
岩盤の場合	• 擁壁の安定性を確保するため、掘削面にある程度の不陸を残し、平滑な面としないように施工する。 • 岩盤を切り込んで直接基礎を施工する場合は、掘削したずりではなく、貧配合のコンクリートで埋め戻す。
粘性土層を支持層として用いる場合	• 圧密のおそれがなく *N* 値が 20 程度以上あれば、良質な支持層と考えてよい。
基礎地盤をコンクリートで置き換える場合	• 所要の支持力を確保するため、底面地盤を水平に掘削し、浮き石は完全に除去する。
基礎地盤を現場で安定処理した場合	• 改良土の強度は、一般に同じ添加量の室内配合における強度よりも小さくなることを考慮して施工する。

■基礎底面の処理例

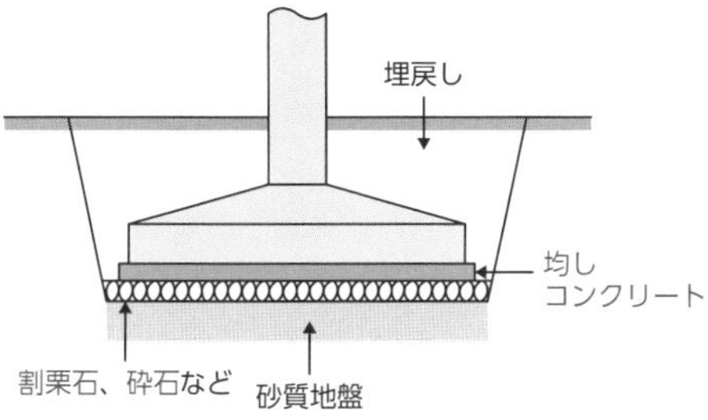

砂質地盤の場合（*N* 値 30 以上）

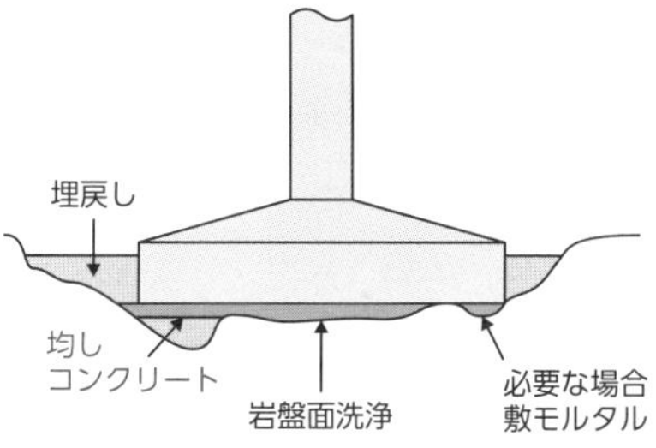

岩盤の場合

Lesson 12 既製杭の施工（1）

打込み杭工法

悔いが広がる
（1 群の杭は）

中から外へ
（中心部から周辺部へ打込む）

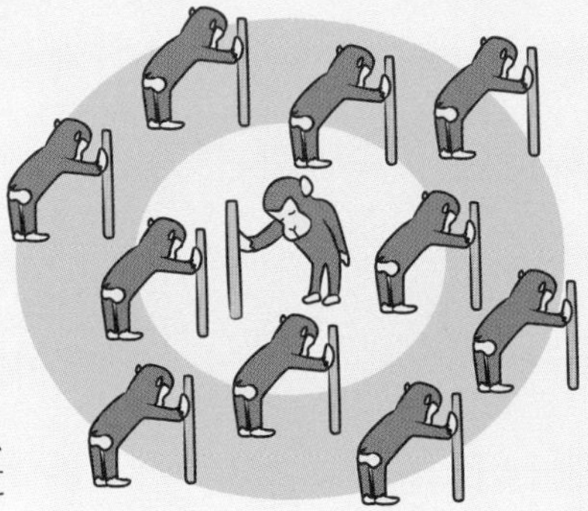

打込み杭工法で 1 群の杭を打つときは、中心部の杭から周辺部の杭へと、順に打ち込む。

■主な既製杭の工法

- 既製杭工法
  - 打込み杭工法
    - 打撃工法
    - バイブロハンマ工法
  - 埋込み杭工法
    - 中掘り杭工法
    - プレボーリング杭工法

■既製杭の施工

- 準備段階では、施工機械の据《すえ》付《つ》け地盤の強度を確認し、必要であれば敷鉄板の使用、地盤改良などの処置も検討する。
- 杭の建込みでは、杭の鉛直性は下杭の鉛直性により決まるので、とくに下杭の鉛直性を 2 方向から検測する。
- 杭の打込み順序は、杭群の中央部から周辺に向かって打ち進み、既設構造物に近接して杭を打ち込む場合には、構造物の近くから離れる方向に打ち進むのがよい。

- 杭の打込みでは、杭頭《くいとう》の偏打《へんだ》は杭頭の座屈《ざくつ》や杭の軸線を傾斜させたり、キャップやクッションなどを損傷する原因になりやすいので、ハンマ及び杭の軸は同一線上となるようにする。
- 杭の打止め管理は、杭の根入れの深さ、リバウンド量（動的支持力）、貫入量、支持層の状態などにより総合的に判断する。

■打込み杭工法

打撃工法	•打込み性の向上のために、杭の先端外面に板厚 9mm 以下の補強バンドを付ける。 •斜杭の打込みには、直杭の打込みに比べて容量の大きい、安定性のある杭打ち機を使用する。 •ヤットコを使用したり、地盤状況などから偏打を起こすおそれがある場合には、鋼管杭の板厚を増したりハンマの選択に注意する必要がある。
バイブロハンマ工法	•地盤中間層の打抜きは、その層が粘性土層で *N* 値 15 ～ 30 以下の場合、層厚が杭径の 2 倍程度までなら可能な場合が多い。 •一般に試験杭施工時に、支持層におけるバイブロハンマモータの電流値、貫入速度などから動的支持力算定式を用いて支持力を推定し、打止め位置を決定する。

■鋼管杭の現場溶接

- 原則として板厚の異なる鋼管を接合する箇所に使用してはならない。
- アーク溶接継手を原則とし、一般に半自動溶接法によるものが多い。
- セルフシールドアーク溶接の場合は風速 10m/sec 以内、ガスシールドアーク溶接の場合は風速 2m/sec 以内で施工する。
- 溶接部が天候の影響を受けないような処置を行う場合を除いては、降雨、降雪の中で溶接作業をしてはならない。
- 溶接ワイヤの吸湿は、アークの不安定、ブローホールなどの原因となるので、よく乾燥したものを用いる必要がある。
- 現場溶接完了後の有害な外部きずは、肉眼によりすべての溶接部で検査し、内部きずは、放射線透過試験で一定頻度の検査を行わなければならない。

Lesson 13 既製杭の施工（2）

ボイリング防止

あわてて吸ったら
（急速に引き上げ）
噴き出すよ
ストロー内の水は
（孔内水位）
高く保って

オーガや掘削ヘッドを急速に引き上げると、ボイリングが発生しやすいため、ゆっくり引き上げる。また、孔内の水位は、地下水位よりも高く保つ。

■中掘り杭工法

掘削・沈設

- 掘削・沈設では、砂質土層の場合、ボイリングが生じやすいので、支持層手前から杭中空部に注水しながら掘削する。
- 掘削中は、原則として、過大な先掘りは行わない。
- 掘削中は、原則として、杭径以上の拡大掘りは行わない。
- 中間層が比較的硬質で沈設が困難な場合は、一般に杭先端部にフリクションカッターを取り付ける。
- 杭の沈設後、スパイラルオーガや掘削用ヘッドを引上げる場合は、負圧の発生によるボイリングを引き起こさないためにゆっくり引上げる。

注意 ・急速に引き上げるのではない！

- 掘削時及びスパイラルオーガ引き上げ時に、ボイリングの可能性がある場合は、杭中空部の孔内水位が常に地下水位より高くなるように注意する。

先端処理

最終打撃方式	• 支持層上面から杭径の3倍程度以上を残して、中掘りから打込みへ切替える。 • 中掘りから打込みへの切替えは、時間を空けずに連続的に行う。 • 締固められた杭先端地盤がボイリングによってゆるまないように、オーガ引抜き時に杭内部に先端閉塞効果が確保できる程度の土砂を残す。
セメントミルク噴出攪拌方式	• 根《ね》固《がた》め部において、所定の形状になるよう先掘り、拡大掘りを行う。
コンクリート打設方式	• コンクリート打設前に杭内面をブラシや高圧水などで清掃・洗浄し、土質などに応じた適切な方法でスライムを処理する。

■プレボーリング杭工法

掘削・沈設

- 掘削孔に傾斜や曲がり及び崩壊が生じないよう注意して行い、掘削孔が崩壊するような場合は、ベントナイトなどを添加した掘削液を使用する。
- 掘削中は、掘削液を掘削ビットの先端部から吐き出しながら行う。
- 杭を沈設する際、孔壁を削ることのないように確実に行い、杭周固定液が杭頭部からあふれ出ることを確認する。

施工管理

- 根固め液は、所定の支持力を発現するため、掘削孔の先端部周辺の砂質地盤と十分に攪拌しながら確実に注入する。
- 根固め液の注入は、拡大根固め球根部の先端より行い、吐出量・総注入量・ロッドの引き上げ速度・反復回数・球根高さについて管理する。
- プラントより採取した根固め液の圧縮強度は材齢（σ）28 $\geqq$ 20N/mm^2 とするのが望ましい。
- 杭周固定部のソイルセメント強度は、杭体と杭周面のソイルセメント柱間の付着力がより確実に得られるように、σ 28 $\geqq$ 1.5N/mm^2 とする。
- 杭周固定液は杭頭部まで注入し、液面沈降が生じた場合は、杭周固定液を補充する。

Lesson 14

場所打ち杭の施工（1）

深礎工法、オールケーシング工法

新卒のライナーを
（深礎工法）（ライナープレート）

グラブでキャッチ
（ハンマグラブ）

OK！
（オールケーシング工法）

深礎工法ではライナープレートを、オールケーシング工法ではハンマグラブを使用する。

■オールケーシング工法

- 掘削孔全長にわたりケーシングチューブを用いて孔壁を保護するため、孔壁崩壊の懸念はほとんどない。
- 支持層の確認は、ハンマグラブにより掘削した土の土質と深度を設計図書及び土質調査試料と対比し、掘削速度、掘削土の状況なども参考にして行う。
- 根入れ長さの確認は、支持層を確認したのち、地盤を緩めたり破壊したりしないように掘削し、掘削完了後に深度を測定して行う。
- 孔内に注入する水は土砂分混入が少ないので、鉄筋かご建込み前にハンマグラブや沈積《ちんせき》バケットで土砂やスライムを除去することができる。
- コンクリート内へのレイタンスや孔内水の混入を防止するため、トレミー管の先端はコンクリート内に2m 以上挿入する。
- ケーシングチューブ下端は、孔壁土砂が崩れて打ち込んだコンクリート中に混入することがあるため、コンクリート上面より常に2m 以上下げておく。

■アースドリル工法

- 地表部に表層ケーシングを建て込み、孔内に注入する安定液の水位を地下水位以上に保ち、孔壁に水圧をかけることによって孔壁を保護する。
- 支持層の確認は、バケットにより掘削した土の土質と深度を設計図書及び土質調査試料と対比し、掘削速度や掘削土の状況なども参考にして行う。
- 一次孔底処理は、掘削完了後に底ざらいバケットで行い、二次孔底処理は、コンクリート打込み直前にトレミーなどを利用したポンプ吸上げ方式により行う。

■リバース工法

- スタンドパイプを建て込み，孔内水位を地下水位より 2m 以上高く保持して孔壁に水圧をかけることにより、崩壊を防ぐ。
- 回転ビットで掘削した土砂を、ドリルパイプを介して泥水とともに吸い上げて排出する。
- スタンドパイプは、コンクリート打込み後に引き抜く。
- 一般にホースから排出される循環水に含まれた土砂を採取し、設計図書及び土質調査試料等と比較し、支持層を確認する。
- 安定液のように粘性のあるものを使用しないため、泥水循環時に粗粒子の沈降が期待でき、一次孔底処理により泥水中のスライムはほとんど処理できる。

■深礎工法

- 掘削孔全長にわたりライナープレートなどによる土《ど》留《ど》めを行いながら掘削し、土留め材はモルタルなどを注入後も撤去しないことを原則とする。
- 土質と深度を設計図書に記載されているものと対比し、目視で支持層の確認を行い、必要に応じて平板載荷試験を実施する。
- 底盤の掘りくずを取り除くとともに、支持地盤が水を含むと軟化するおそれのある場合には、孔底処理完了後に孔底をモルタルまたはコンクリートで覆う。

プラスα　ヒービング現象の抑制

- オールケーシング工法では、ケーシングチューブを孔内底面より先行圧入し、ケーシングチューブの径以上の先行量を保って掘削することにより、ヒービング現象を抑えることができる。

Lesson 15 場所打ち杭の施工（2）

鉄筋かごの施工

過去の
（鉄筋かご）

髪留めで
（仮止め）

応接はダメ
（溶接禁止）

鉄筋かごは、溶接で仮止めしてはならない。

■工法別孔内水管理

工　法	主な孔内水の性状	管理水位
オールケーシング工法	土砂混入が少ない水	地下水位とのバランスを取る
アースドリル工法	安定液	地下水位± 0 ～＋ 2m 程度
リバース工法	泥水	地下水位＋ 2m 以上

■鉄筋かごの施工

- 主鉄筋の継手には溶接を用いてはならず、特殊金物等を用いた工法（無溶接工法）や、なまし鉄線を用いる。
- 主鉄筋の継手方法は重ね継手が原則で、鋼材や補強鉄筋を配置する。
- 鋼材や補強筋を溶接により仮止めしてはならない。
- 帯鉄筋を片面フレア溶接する場合の溶接長は、鉄筋径の 10 倍とする。

- 鉄筋かごの径が大きくなるほど変形しやすくなるため、組立用補強材は剛性の大きいものを使用する。
- 自重で孔底に貫入するのを防ぐため、井げた状に組んだ鉄筋を最下端に配置する。
- 鉄筋かごの建込みは、鉛直度と位置を正確に保ち、孔壁に接触して土砂の崩壊を生じさせないように施工する。
- 所要のかぶりを確保できるようスペーサーを配置する。
- スペーサーは一般に、同一深さに 4 ～ 6 個、深さ方向に 3m 間隔で取り付ける。
- 鉄筋かごを水平に移動する際は、ねじれ、たわみなどが起きやすいため、吊治具を用いて 2 ～ 4 点で吊る。
- 鉄筋かごの連結時に使用する仮置き用治具は、鉄筋かごの全重量を支えても変形しない強度のものとする。

無溶接工法

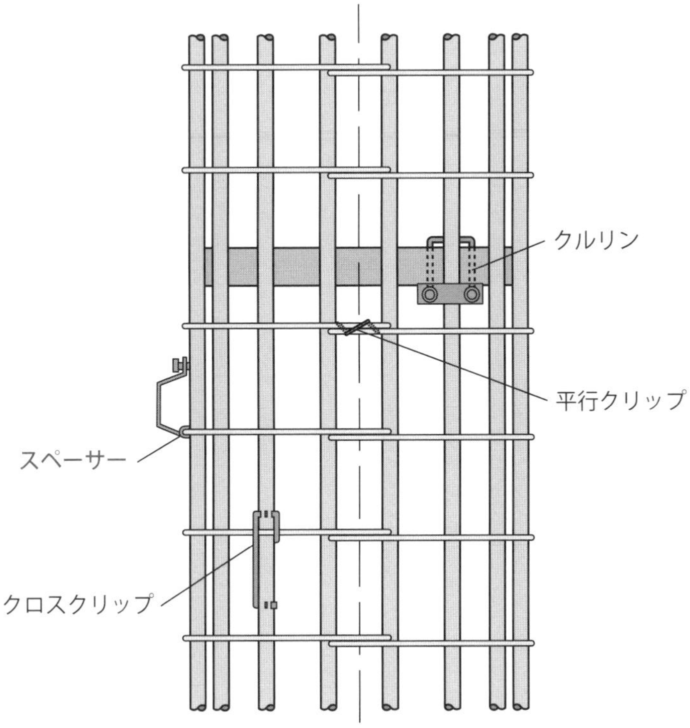

Lesson 16

土留め支保工

腹起し材の継手位置

窮地で気張りすぎ
（火打ち・切ばり）

腹痛起こし　失点間近
（腹起《はらおこ》し）　（支点近く）

腹起し材の継手位置は、切ばりや火打ちの支点に近い箇所とする。

■土留めの種類

自立式	• 掘削側の地盤の抵抗によって土留め壁を支持する工法で、掘削面内に支保工がないので掘削が容易であり、比較的良質な地盤で浅い掘削に適する。
切ばり式	• 支保工と掘削側の地盤の抵抗によって土留め壁を支持する工法で、現場の状況に応じて支保工の数、配置などの変更が可能である。
アンカー式	• 土留めアンカーと掘削側の地盤の抵抗によって土留め壁を支持する工法で、掘削面内に切ばりがないので掘削が容易であるが、良質な定着地盤が必要である。 • 偏土圧が作用する場合や、任意形状の掘削にも適応可能である。
控え杭 タイロッド式	• 控え杭と土留め壁をタイロッドでつなぐ工法で、比較的良質な地盤で浅い掘削に適し、自立式土留めだけでは変位が大きい場合に用いられる。 • タイロッドの施工は、水平、または所定の角度で、原則として土留め壁に直角になるように正確に取り付ける。

■腹起し・切ばりの施工

- 切ばり、腹起し、土留め壁の取付け時における過大な掘削は、土留め壁に設計値以上の荷重が作用することにより変形を助長し、危険な状態となるおそれがあるので避けなければならない。
- 腹起しと土留め壁との間は、すきまが生じやすく密着しない場合が多いため、土留め壁と腹起しの間にモルタルやコンクリートを裏込めするなど、壁面と腹起しを密着させる。
- 腹起し材の継手部は弱点となりやすいため、ジョイントプレートを取り付けて補強し、継手位置は切ばりや火打ちの支点に近い箇所とする。
- 腹起しと切ばりの遊間は、土留め壁の変形原因となるので、あらかじめパッキング材などにより埋めておき、ジャッキの取付け位置は腹起しの付近とし、同一線上に並ばないように千鳥配置とする。
- 切ばりは、一般に圧縮部材として設計されているため、圧縮応力以外の応力が作用しないように、腹起しと垂直にかつ密着して取り付ける。
- 切ばりに継手を用いる場合は、継手位置は中間杭付近に設け、継手部にはジョイントプレートなどを取り付けて、十分な強度を確保する。
- 数段の切ばりがある場合には、掘削に伴い設置済みの切ばりに軸力が増加し、ボルトに緩みが生じることがあるため、必要に応じ増締めを行う。
- 側圧の大きい場合や切ばりの間隔を広くする場合には、二重腹起しや二段腹起しを使用するが、一方向切ばりの土留めや切ばりのない立坑には二段腹起しが用いられる。
- 切ばりを撤去する際は、土留め壁に作用している荷重を鋼材や松丸太などを用いて本体構造物に受け替えるなどして、土留め壁の変形を防止する。

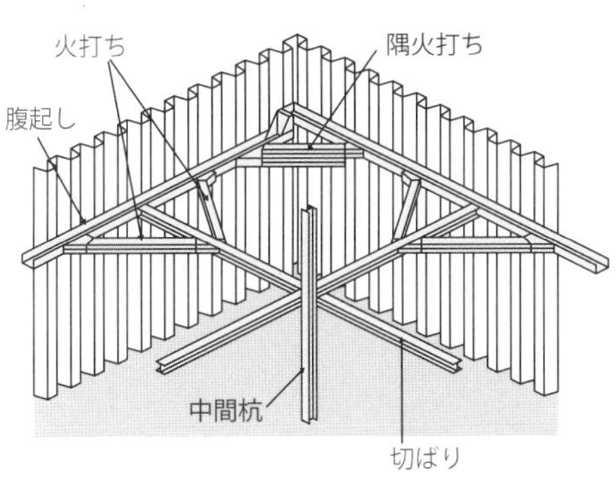

Lesson 01

鋼橋の施工（1）

ボルトの締付け

持久力をつけるには
（ボルト軸力の導入）

納豆を　よくかき回して
（ナット）　（回す）

鋼橋のボルトの締《しめ》付《つ》けにおいて、ボルト軸力の導入は、ナットを回して行うのを原則とする。

■耐候性鋼材

- 耐候性鋼材は、鋼材表面に緻密なさび層を形成させ、これが鋼材表面を保護することで鋼材の腐食による板厚減少を抑制する。
- 表面に保護性さびが形成されるまでの期間はさび汁が生じるため、初期のさびの生成抑制や保護性のさびの生成促進を目的とした表面処理剤を塗布することもある。
- 保護さび層を形成させるには、架設現場などで鋼材の表面に塩分が付着するのを避け、過度の塩分付着が確認された場合は、入念な水洗いにより除去する。
- 耐候性鋼材の黒皮の除去には、原板ブラストによる方法と製品ブラストによる方法があり、製品ブラストの方が、原板ブラストより汚れが少なく、さびの均一性に優れる。
- 無塗装橋梁の鋼材表面は、橋梁製作工場で原板ブラストを行い、黒皮を完全に除去する。
- 耐候性鋼材の箱桁《はこげた》の内面は、結露や雨水の浸入により湿潤になりやすいと考えられるため、普通鋼材と同様に内面用塗装仕様を適用する。

耐候性鋼橋に用いる部材

高力ボルト	• 主要構造部材と同等以上の耐候性能を有する耐候性高力ボルトを使用する。
フィラー板	• 主要構造部材ではないため、母材の耐候性鋼材と同種の鋼材を使用する。

■高力ボルトの施工

- 摩擦接合では、接合される材片の接触面を塗装しない場合は、所定のすべり係数が得られるよう黒皮、浮きさび、油、泥などを除去し粗面とする。
- ボルト軸力の導入は、ナットを回して行うのを原則とし、やむを得ずボルト頭部を回して締め付ける場合は、トルク係数値の変化を確認する。
- ボルトの締付けは、連結板の中央のボルトから順次端部ボルトに向かって行い、2度締めを行う。
- トルシア形高力ボルトの締付けは、予備締めには電動インパクトレンチを使用してもよいが、本締めには専用締付け機を使用する。
- 応力に直角なすみ肉溶接と高力ボルト摩擦接合とは併用してはならない。
- 溶接と高力ボルト摩擦接合をそれぞれ用いる場合、溶接の完了後に高力ボルトを締め付ける。
- フィラーは、2枚以上を重ねて用いてはならない。
- トルク法によって締め付けたトルシア形高力ボルトは、各ボルト群の全数について、ピンテールの切断の確認とマーキングによる外観検査を行う。

締付け検査

トルク法	• 各ボルト群の10%のボルト本数を検査し、締付けトルク値がキャリブレーション時の設定トルク値の± 10%の範囲内で合格とする。
回転法	• 全数マーキングによる外観検査を行い、ボルト長が径の5倍以下の場合は、1/3回転（120度）± 30度の範囲内で合格とする。
耐力点法	• 全数マーキングによる外観検査を行い、各ボルト群の正常に締め付けられたボルト5本の回転角の平均値に対して全数が所定範囲内の回転角± 30度の範囲内で合格とする。

Lesson 02

鋼橋の施工（2）

溶接割れの検査

ようし、肉だ！
（溶接割れ）　（肉眼）

「自分、タン塩！
（磁粉探傷試験）

本当にタン塩！」
（浸透探傷試験）

溶接割れの検査は肉眼で行うのを原則とし、疑わしい場合には磁粉探傷試験または浸透探傷試験を用いる。

■溶接の施工

- 溶接を行う部分は、溶接に有害な黒皮・さび・塗料・油などは除去したうえで、溶接線近傍は十分に乾燥させる。
- 開先溶接及び主桁のフランジと腹板のすみ肉溶接は、原則としてエンドタブを取り付け、溶接の始端及び終端が溶接する部材上に入らないようにする。
- エンドタブは、原則として部材と同等な開先を有するものとし、溶接終了後、ガス切断法によって除去してその跡をグラインダ仕上げとする。
- 開先形状は、完全溶《とけ》込《こ》み開先溶接からすみ肉溶接に変化するなど溶接線内で開先形状が変化する場合、遷《せん》移《い》区間を設けなければならない。

すみ肉溶接	・理論のど厚は、継手のルートを頂点とする二等辺三角形の底辺のルートからの距離とする。 ・有効長は、まわし溶接を行った場合のまわし溶接の長さは含まないものとする。
完全溶込み開先溶接	・部材の厚さが異なる場合の理論のど厚は、薄い方の部材の厚さとする。 ・溶接線が応力方向に直角でない場合の有効長は、応力に直角な方向に投影した長さとする。

開先溶接の余《よ》盛《も》り

- 特に指定のある場合を除き、ビード幅を基準にした余盛り高さが規定の範囲内であれば、仕上げをしなくてよい。
- 余盛り高さが規定された値をこえる場合は、特に止端部のビード形状を滑らかに仕上げる。

■溶接欠陥

ビード表面のピット	• 主要部材ではピットがあってはならないが、2次的な継手のすみ肉溶接や部分溶込み開先溶接では、若干の存在が許容される。
アンダーカット	• 規定の範囲内であれば許容される。
オーバーラップ	• いかなる場合もあってはならない。

■溶接の検査

- 溶接割れの検査は、溶接線全体を対象として肉眼で行うのを原則とし、判定が困難な場合には、磁粉探傷試験または浸透探傷試験を行う。

注意 • 超音波探傷試験を行うのではない！

- スタッドジベルの溶接後の外観検査は、全数について行うものとし、不合格となったものについては全数ハンマー打撃による曲げ検査を行う。
- スタッドジベルの溶接後の外観検査で合格したものについては、その中から抜取り曲げ検査を行う。

注意 • 合格したものは、曲げ検査を行わなくてもよいのではない！

プラスα　組立溶接

- 一般には、本溶接の際に再溶融せずに残留することが多いため、本溶接と同様の管理が必要である。
- 組立終了時までにスラグを除去し、溶接部表面に割れがある場合には、割れの両端から50mm以上はつり取ってガウジングをし、舟底形に整形して補修溶接をする。

Lesson 03 鋼橋の施工（3）

I 型断面部材の仮置き

アイちゃん
（I 型断面部材）

汚れるといけないから

ヒールの高さは 15cm にして
（地面から 15cm 以上離す）

I 型断面部材を仮置きする場合は、地面から 15cm 以上離すものとする。

■鋼道路橋の架設上の留意事項

箱形断面の桁	•一般に剛性が高いため、架設時のキャンバー調整を行う場合には、ベントに大きな反力がかかるので、ベントの基礎及びベント自体の強度について十分検討する必要がある。
曲線桁	•架設中の各段階において、ねじれ・傾き・転倒などのないように重心位置を把握し、ベントなどの反力を検討する。
連続桁	•側径間をカウンターウエイトとして中央径間で閉合する場合には、設計時に架設応力や変形を検討し、安全性を確認しておく必要がある。
I 形断面の鋼桁	•水平曲げ剛度、ねじり剛度が低いため、桁を１本のみで仮置きやつり上げをする場合には、横倒れ座屈に注意する。
斜橋	•たわみや主桁の傾きなどは架設中の各段階について算定し、架設中の桁のそり（キャンバー）の調整を行う。
トラス橋	•架設の最終段階でのキャンバー調整の修正が困難なため、架設中の各段階で上げ越し量をチェックする必要がある。

■鋼道路橋の架設の作業

- 部材を横方向に移動する場合には、その両端における作業誤差が生じやすいため、移動量・移動速度を施工段階ごとに確認しながら行う。
- 部材を縦方向に移動する場合には、送出し作業に伴う送出し部材及び架設機材の支持状態が逐次変化するので、架設計算の応力度照査は段階図に基づいて行う。
- 部材の玉掛けを行う場合には、部材及び吊り金具に過大な応力や変形が生じないように配慮して、適切な吊り形式により作業を行うものとする。
- ジャッキをサンドル材で組み上げた架台上にセットする場合は、鉛直荷重の10%以上の水平荷重がジャッキの頭部に作用するものとして照査しなければならない。
- 部材の組立に使用する仮締めボルトとドリフトピンの合計は、架設応力に十分耐えるだけの本数を用いるものとし、その箇所の連結ボルト数の 1/3 程度を標準とする。
- 吊り金具は、本体自重のほかに、2 点吊りの場合には本体自重の 50%、4 点吊りの場合には 100%の不均等荷重を考慮しなければならない。
- I 型断面部材を仮置きする場合は、風等の横荷重による転倒防止に十分配慮し、汚れや腐食に対する養生を行い、地面から 15cm 以上離すものとする。

連続桁の閉合

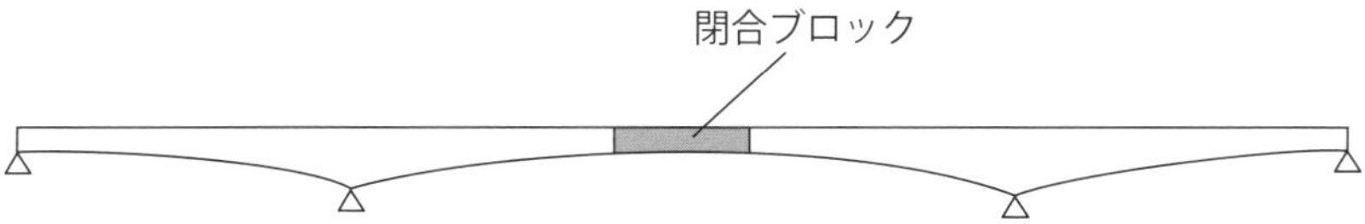

プラスα　鋼材の加工

- 鋼材の切断法には、ガス切断法と機械切断法があり、主要部材の切断は原則として自動ガス切断法による。
- 現場継手の孔あけ方法には、フルサイズ孔あけとサブサイズ孔あけがあり、一般に、曲線箱桁などの構造が複雑な場合はサブサイズ孔あけとする。
- 鋼材の主要部材の曲げ加工を冷間加工でする場合は、曲げ加工の内側半径の大きさを板厚の 15 倍以上とする。

Lesson 04

コンクリート構造物の劣化

コンクリートに含まれる塩化物

演歌で　**オーソレミオ**
(塩化物)　(0.30kg/m^3)

コンクリートに含まれる塩化物は、原則として塩化物イオン量で0.30kg/m^3以下とする。

■アルカリシリカ反応

劣化現象

- 骨材中の反応生成物が吸水膨張してコンクリートにひび割れが発生する。

抑制対策

- コンクリート中のアルカリ総量を、3.0kg/m^3以下とする。
- 高炉セメントB種・C種、フライアッシュセメントB種・C種を使用する。
- アルカリシリカ反応性試験で区分A「無害」と判定される骨材を使用する。

注意事項

- 有害な骨材を無害な骨材と混合した場合、コンクリートの膨張量は、有害な骨材を単独で用いるよりも大きくなることがある。
- 海洋環境や凍結防止剤の影響を受ける地域で、無害でないと判定された骨材を用いる場合は、外部からのアルカリ金属イオンや水分の侵入を抑制する対策を行う。

■中性化

劣化現象

- 二酸化炭素がセメント水和物と炭酸化反応を起こし、鋼材の腐食が促進され、コンクリートのひび割れやはく離、鋼材の断面減少が起こる。

抑制対策

- タイル・石張り等による表面仕上げを行う。
- かぶりを大きくする。
- 気密性の吹付け材を施工する。

注意事項

- 中性化深さは、一般的に構造物完成後の供用年数の平方根に比例する。
- 中性化の進行は、コンクリートが比較的乾燥している場合の方が速い。
- 同一水結合材比のコンクリートにおいては、フライアッシュを用いたコンクリートの方が、中性化の進行は速い。
- 鋼材腐食は、乾燥・湿潤が繰り返される場合より、常時滞水している場合の方が腐食速度は遅い。

■塩害

劣化現象

- コンクリート中の塩化物イオンにより鋼材の腐食が進行し、コンクリートのひび割れやはく離・はく落や、鋼材の断面減少が起こる。

抑制対策

- コンクリート中の塩化物イオン量を少なくする。
- 高炉セメントなどの混合セメントを使用する。
- 水セメント比を小さくする。

■凍害

劣化現象

- コンクリート中の水分が凍結と融解を繰り返すことによって、コンクリート表面のスケーリング、微細ひび割れ、ポップアウトなどが起こる。

抑制対策

- 耐凍害性の大きい骨材を使用する。
- AE コンクリートを使用する。
- 単位水量、水セメント比を小さくする。

注意事項

- コンクリートの耐凍害性は、コンクリートの品質のほか、コンクリートの飽水度にも左右される。

Lesson 05

コンクリート構造物の補修

床版上面増厚工法

交戦の
(鋼繊維《こうせんい》補強コンクリート)

季節は　乾季
(既設コンクリート・乾燥状態)

床版上面増厚工法で鋼繊維補強コンクリートを打ち継ぐ場合、既設コンクリートは乾燥状態とする。

■表面処理工法

- 表面処理工法には、表面被覆工法や表面含浸工法があり、表面からの塩化物イオンの浸透量の低減や遮断を期待するものである。

表面被覆工法	• 有機系表面被覆工法には塗装工法とシート工法があり、塗装工法はコンクリート表面を十分乾燥させた状態で塗布する。 • 無機系表面被覆工法による場合には、コンクリート表面の局所的なぜい弱部は除去し、空げきはパテにより充填《じゅうてん》し、段差や不陸もパテにより解消する。
表面含浸工法	• シラン系表面含浸材を用いた工法は、コンクリート中の水分低減効果が期待できるので、アルカリ反応抑制効果が期待できる。

■断面修復工法

- 塩化物イオンを多く含むコンクリートを除去し、欠損した部分を断面修復材によって修復する工法である。

- 断面修復による補修を行う場合は、補修範囲の端部にはカッターを入れるなどにより、フェザーエッジを回避する。
- 吹付け工法による断面修復工法は、型枠の設置が不要であり、断面修復面積が比較的大きい部位に適する。

■電気防食工法

- 構造物の表面付近に設置した陽極から、コンクリート中の鋼材へ直流電流を供給することによって、電気化学的に鋼材表面の腐食電池の形成を抑制し、コンクリート構造物の劣化を防止する工法である。

注意 • コンクリート中の塩化物イオンを除去するものではない！

- 塩害の対策として用いられるが、アルカリシリカ反応と塩害が複合して劣化を生じたコンクリート構造物に適用すると、アルカリシリカ反応を促進することがある。
- 外部電源方式の電気防食工法は、防食電流の供給システムの性能とその耐久性などを把握し、適切なシステム全体の維持管理を行う必要がある。

■脱塩工法

- 仮設陽極を配置し、コンクリート中の塩化物イオンを除去し、鋼材の腐食停止や腐食速度の抑制を期待するものである。

■補強工法

床版《しょうばん》上面増厚工法	• 鋼繊維補強コンクリートを打継ぐ場合、原則として既設コンクリートの打継面は、乾燥状態とする。
床版下面増厚工法	• ポリマーセメントモルタルや鋼繊維補強超速硬モルタルが増厚材料として用いられる。
連続繊維シート工法	• 連続繊維シートは、接着工によって含浸・硬化させる前には傷つきやすく、連続繊維の種類によっては赤外線や水分により劣化するものもあるので取扱いに注意する。 • 下地処理工は、コンクリート面の劣化層、不陸や突起を取り除き、平坦にする。 • 重ね継手部は、重ね継手長を 200mm 程度とし、繊維間・シート間に含浸接着樹脂が十分含浸され一体となるようにする。

Lesson 06 河川堤防の施工

河川堤防における川表と川裏

母さんってば。
（河川堤防）

小さい用水路は表で
（透水性の小さいものは川表）

大きい用水路は裏よ
（透水性の大きいものは川裏）

河川堤防の築堤材料として土質が異なる材料を使用するときは川表に透水性の小さいものを、川裏には大きいものを用いる。

■河川の掘削工事

- 低水路部の一連区間の掘削では、流水が乱流を起こして部分的に深掘れなどの影響が生じないよう、原則として下流から上流に向かって掘削する。
- 低水路の掘削幅が横断方向に広い場合は、一般的には河川の流向にほぼ平行に数ブロックに分け、流心側から掘削する。
- 掘削機械は、一般に走行速度が遅いため、出水時に備えて、あらかじめ退避場所を設けておく。
- 掘削土を築堤土に利用する場合は、地下水位や河川水位を低下させるための瀬替《せが》えや仮締切《かりしめき》り、排水溝を設けた釜場《かまば》での排水などにより含水比の低下をはかる。

■河川堤防の盛土施工

- 嵩上《かさあ》げや拡幅に用いる堤体材料は、原則として、表腹付けには既設堤防より透水性の小さい材料を、裏腹付けには既設堤防より透水性の大きい材料を使用する。
- 既設の堤防に腹付けを行う場合は、新旧堤防をなじませるために、50 ～ 60cm 程度の段切りを行う。
- 築堤盛土の施工中は、堤防横断方向に 3 ～ 5%程度の勾配を設けながら施工する。
- 築堤土の敷均しは、締固め後の 1 層の仕上り厚は 30cm 以下になるよう施工する。
- 高含水比粘性土を敷き均す際は、接地圧の小さいブルドーザにより、盛土箇所までの二次運搬を行う。
- 築堤盛土の締固めは堤防縦断方向に行い、締固めに際しては、締固め幅が重複するよう留意する。
- タイヤローラは、砕石（礫混り土）の締固めには接地圧を高くし、粘性土の場合には接地圧を低くして使用する。
- 堤体内に水を持ちやすい土の構造の場合は、ドレーンを川裏側の法尻《のりじり》に設置し、ドレーンの排水機能により液状化層を減少させる。

■河川堤防における軟弱地盤対策工

表層混合処理工法	• 改良強度を確認する場合は、サンプリング試料を一軸圧縮試験により行う。
サンドマット工法	• 軟弱層の圧密のための上部排水の促進と、施工機械のトラフィカビリティーの確保をはかる。
サンドコンパクションパイル工法	• 地盤中に締め固めた砂杭を造り、軟弱層を締め固めるとともに、砂杭の支持力によって地盤の安定を増加して沈下を抑制する。
緩速載荷工法	• 基礎地盤がすべり破壊や側方流動を起こさない程度の厚さで徐々に盛土を行う。
載荷重工法	• プレロードの量、放置期間及び除去の時期などを沈下管理により判定する。
押え盛土工法	• 盛土の側方に押え盛土をしてすべりに抵抗するモーメントを増加させて盛土のすべり崩壊を防止する。
掘削置換工法	• 軟弱層の一部または全部を除去し、良質材で置き換えて、せん断抵抗を増加させ、沈下も抑制する。

Lesson 07

河川護岸の施工

根固工と法覆工

猫が柵を乗り越えて
（根《ね》固《がため》工）　（法《のり》覆《おおい》工）

お堀に落ちた！

隙間《すきま》に栗を詰めて助けよう
（隙間）　（栗石）（間詰工）

根固工と法覆工との間に隙間が生じる場合、栗石など適当な間詰工を施す。

■構造による護岸の種類

かご系護岸	•屈とう性があり、かつ空隙があるので、生物に優しい護岸構造である。 •かごの上に現場発生土を覆土することで、植生の復元が期待できる。
石系護岸	•石と石のかみ合わせが重要であり、空積みの石積み・石張りでは、石のかみ合わせ方に注意が必要である。
コンクリート系護岸	•現地の表土を用いて覆土を行うことにより、河岸の植生が回復・維持され、生物に住みよい環境を提供することができる。 •明度が高いため、周辺環境との明度差が大きくならないよう注意が必要である。

■法覆工

かご工

- 蛇《じゃ》かごを施工する場合の詰石《つめいし》は、常に蛇かごの編み目より大きい玉石または割石を用い、法先より逐次《ちくじ》天端《てんば》へ詰め込む。
- かごマット工では、底面に接する地盤で土砂の吸出《すいだ》し現象が発生するため、これを防止する目的で吸出し防止材を施工する。

石張り・石積み工

- 勾配が１割より緩いものを石張り、急なものを石積みという。
- 布積みと谷積みがあるが、強度の強い谷積みを原則とする。
- 石積み工は、石のすきまにコンクリートを充填した練石積みと、単に砂利を詰めた空石積みがあり、河川環境面からは空石積みが優れているが、強度の面からほとんどが練石積みとなっている。

コンクリート張り工・コンクリートブロック張り工

- 使用するコンクリートは、スランプを小さくして、コンクリートの流動化を防ぐ。
- コンクリートブロック張り工では、平板ブロックと控えのある間知《けんち》ブロックが多く使われており、間知ブロックは、流速が大きいところに使用される。

■根固工

- 異形コンクリートブロックの層積みは、河床整正を行って積み上げるため、水深が深くなると乱積みと比較して施工は困難になる。
- 敷設《ふせつ》天端《てんば》高は、護岸基礎工の天端高と同じ高さとすることを基本とする。
- 河床変化に追随でき、屈とう性のある構造とする。

■その他の構造部

すり付け工	• 上下流端で河岸侵食が発生しても護岸が破壊されるのを防ぐ機能があり、屈とう性を有し、ある程度粗度の大きな工種を用いる。
天端保護工	• 天端工と背後地の間から侵食が生じることが予測される場合に施工する。
縦帯《たておび》工	• 護岸の法肩《のりかた》部の破損を防ぐために施工する。
横帯《よこおび》工	• 護岸の変位や破損が他に波及しないよう絶縁するために施工する。

Lesson 08

堤防開削工事・柔構造樋門

柔構造樋門

鬼門の歓待
（樋門《ひもん》・函体《かんたい》）

お神輿《みこし》で接待
（上げ越して設置）

柔構造樋門の不同沈下対策として、
函体はあらかじめ上げ越して設置する。

■堤防を開削して行う工事

- 堤防の開削は、仮締切り工が完成する以前に開始してはならず、また、仮締切り工の撤去は、堤防の復旧が完了、またはゲートなど代替機能の構造物ができた後に行う。
- 排出水期間中に仮締切り工を施工する場合は、施工期間中の設計対象水位に余裕高をとって仮締切り高を決定する。
- 鋼矢板の二重締切りに使用する盛土・中埋め土については、良質の砂質土を用いることを原則とする。

注意 ・粘性土を用いるのではない！

- 鋼矢板の二重仮締切り内の掘削は、鋼矢板の変形、中埋め土の流出、ボイリング・ヒービングの兆候の有無を監視しながら行う。
- 函渠《かんきょ》などの構造物の埋戻しは、急速に行うと偏土圧が発生して函体などにねじれ、クラック、変位などが発生することがあるので、構造物周辺での埋戻しは特に慎重に行う。

- 仮締切り工の撤去は、構造物の築造後、締切り内と外との土圧・水圧をバランスさせつつ撤去する必要があり、流水の影響がある場合は、下流側、流水側、上流側の順で撤去する。

法面すべりに対する安全率		1.5 以上
掘削法面勾配	砂質土地盤	1：1.5
	粘性土地盤	1：1.0

■柔構造樋門の施工

- 柔構造樋門の基礎には、浮き直接基礎、浮き固化改良体基礎及び浮き杭基礎がある。
- 堤防開削による床付け面は、荷重の除去にともなって緩むことが多く、乱さないで施工するとともに、転圧によって締め固めることが望ましい。
- 樋門本体の不同沈下対策としての可とう性継手は、樋門の構造形式や地盤の残留沈下を考慮し、できるだけ土圧の大きい堤体中央部を避けて設ける。
- 樋門本体の不同沈下対策として、残留沈下量の一部に対応するキャンバー盛土を行い、函体を上げ越して設置することが有効である。
- キャンバー盛土の施工は、キャンバー盛土下端付近まで掘削し、新たに適切な盛土材を用いて盛土することが望ましい。

注意・掘削土を再利用するのではない！

- 基礎地盤の沈下により函体底版下に空洞が発生した場合は、その対策としてグラウトが有効であるため、底版にグラウトホールを設置する。

キャンバー盛土

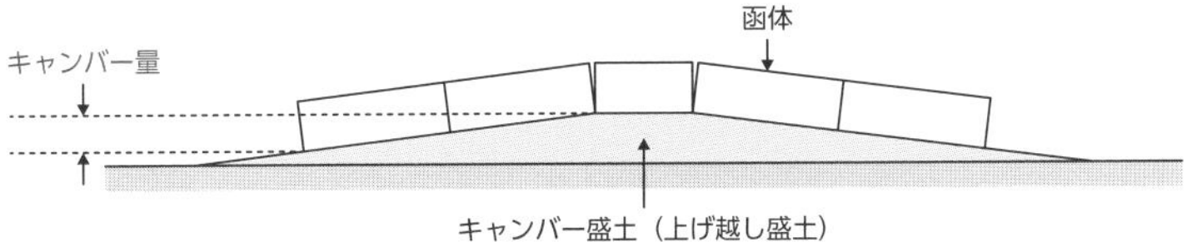

プラスα　柔構造樋門の基礎

- 柔構造樋門の基礎には、浮き直接基礎、浮き固化改良体基礎及び浮き杭基礎がある。

Lesson 09 砂防工事

前庭保護工

前の亭主と　復縁
（前庭保護工）　（副えん堤）

即席御飯と
（側壁護岸）

たぬきの水炊き
（水叩き）

前庭保護工には、副えん堤、側壁護岸、水叩きがある。

■施工上の留意点

- 樹木を伐採する区域においては、幼齢木や苗木となる樹木はできる限り保存し、伐根は必要最小限として、萌芽が期待できる樹木の切株は保存する。
- 砂防工事を行う箇所は、土砂流出が起こりやすいことから、切土や盛土、掘削残土の仮置き土砂はシート等で保護する等、土砂の流出に細心の注意を払う。
- 材料運搬に用いられる索道《さくどう》設置に必要となるアンカーは、既存の樹木を利用せず、埋設アンカーを基本とする。
- 地山掘削に伴う現場発生土は、その工事に極力活用し、できる限り工事区域外へ搬出しないようにする。
- 工事に伴い現場から発生する余剰コンクリートやコンクリート塊等の工事廃棄物は、工事現場内に残すことなく搬出処理する。

■砂防えん堤の機能

- 渓岸・渓床の侵食を防止する機能

- 流下土砂を調節する機能
- 土石流を捕捉及び減勢する機能

注意 • 流木を速やかに流下させる機能はない！

■砂防えん堤の分類

型式による分類	透過型・不透過型
土砂の制御形態による分類	調節形態・捕捉形態
構造による分類	重力式・アーチ式

■砂防えん堤の基礎掘削

- えん堤本体の基礎地盤へのかん入による支持・固定、滑動・洗掘に対する抵抗力の改善、安全度の向上を目的としている。

根入れ深さ

岩盤基礎	1m 以上	砂礫基礎	2m 以上

岩盤基礎の施工

- 基礎の一部に弱層・風化層・断層などの軟弱部を挟む場合は、軟弱部をコンクリートで置き換えて施工する。
- 基礎掘削部の間詰めは、コンクリートで行う。

砂礫基礎の施工

- 基礎仕上げ面に大転石が存在するときは、2/3 以上が地下にもぐっていると予想されるものは取り除く必要はない。
- 仕上げ面付近の掘削は、掘削用重機のクローラ（履《り》帯《たい》）などによって密実な地盤がかく乱されることを防止するため、0.5m 程度は人力掘削とする。
- 支持力が不足する場合は、えん堤の堤底幅を広くして応力を分散させたり、杭基礎、ケーソン基礎を施工する。

■その他の留意点

- 砂防えん堤の高さが 15m 以上の場合は、硬岩基礎の場合であっても、副えん堤を設置して前庭部を保護する。
- えん堤軸の方向は、原則として計画箇所下流河道の流心線に直角に定める。

Lesson 10

地すべり防止工

排土工

はいどうぞ
（排土工）

頭から　不安な重荷を
（地すべり頭部）（不安定な土塊）

おろしてあげたよ

排土工は、地すべり頭部の不安定な土塊を排除し、土塊の滑動力を減少させる工法である。

■抑制工・抑止工

抑制工	• 地形・土質・地下水など、地すべりの誘因となる自然的条件を変化させることによって地すべり運動を抑制するもの。
抑止工	• すべり面を貫いた構造物により地すべり推力に対抗し、地すべり移動を抑止するもの。

■主な抑制工

排土工	• 地すべり頭部の土塊を排除し、地すべりの滑動力を低減させるための工法。 • 排土は、地すべり箇所の斜面上部より下部に向かって行う。
地表水排除工	• 浸透防止工と水路工に区分され、水路工は掘込み水路を原則とし、合流点、屈曲部及び勾配変化点には集水桝《しゅうすいます》を設置する。

地下水遮断工	• 遮水壁の後方に地下水を貯留し、地すべりを誘発する危険があるため、事前に地質調査などによって潜在性地すべりがないことを確認する必要がある。
横ボーリング工	• 深層地下水を排除するための横ボーリング工の１本あたりの長さは、原則として 50cm 程度までとする。
集水井工	• 地すべりが活動中の場合は、底部をすべり面より 2m 以上浅くし、停止中の場合はすべり面より 2 ～ 3m 程度貫入させる。
押え盛土工	• 地すべり末端部に排水性のよい土を盛土し、地すべり滑動力に抵抗する力を増加させるための工法。 • すべり面が円弧形状の場合に効果が大きく、末端部の地塊の厚さが頭部の地塊の厚さに比較して大きい場合に効果が特に大きい。

■主な抑止工

アンカー工

• 斜面から基盤に挿入し、基盤内に定着させた鋼材などの引《ひっ》張《ぱ》り強さを利用して斜面を安定化させる工法で、特に緊急性が高く、早期に効果を発揮させる必要がある場合などに用いられる。
• 打設角は、低角度ほど効率がよいが、残留スライムやグラウト材のブリーディングにより健全なアンカー体が造成できないため、水平面前後の角度は避ける。
• アンカーの定着長は、地盤とグラウトとの間及びテンドンとグラウトとの間の付着長について比較を行い、それらのうち長い方を採用する。

杭工

• 鋼管杭などをすべり面を貫いて基盤まで挿入することにより、地すべり滑動力に対して直接抵抗する工法である。
• 原則として地すべり運動ブロックの中央部より下部を計画位置とし、杭の根入れ部となる基盤が強固で、地盤反力が大きい場所に設置する。
• 杭の配列は、地すべりの運動方向に対して概ね直角で、杭間隔は等間隔となるようにする。

杭の根入れ長さ

曲げ杭	• 地すべり面における曲げモーメント第１零点までの長さの 1.5 倍程度。
せん断杭	• 基礎地盤の強度により、原則として杭の全長の 1/4 ～ 1/3。

Lesson 11 急傾斜地崩壊防止工（1）

待受け式コンクリート擁壁

待受け画面は
（待受け式コンクリート擁壁）

キリンの長いポケット
（切土のないポケット）

待受け式コンクリート擁壁は、切土しないでポケット（土砂を堆積させるスペース）を確保できる場所に設ける。

■排水工

- 崖崩《がけくず》れの主要因となる地表水・地下水の斜面への流入を防止することにより、斜面自体の安全性を高めることを目的に設けられる。

地表水排除工	・斜面に流入する水を速やかに集めて排水することによって斜面の安定をはかる工法で、一般に横排水路と縦排水路を組み合わせて施工する。 ・縦排水路を施工する際には、水路から溢れた流水などによる水路両側の洗掘を防止するために、側面に勾配をつけ、コンクリート張りや石張りを設置する。 ・縦排水路は、地形的にできるだけ凹部に設けた掘込み水路とし、周囲からの水の流入を容易にすることが望ましい。

■切土工

- 斜面の不安定な土塊の一部または全部を切り取って斜面の安定化をはかる工法で、一般に切土面には法面保護工を施工する。
- 切土法面の小段は、標準として直高 5 ～ 10m 間隔とするが、地質の変化に応じて設置し、幅は 1 ～ 2m を標準とする。

■法枠工

- 斜面に枠材を設置し、法枠内を植生工や吹付け工、コンクリート張り工などで被覆し、斜面の風化や侵食の防止をはかる工法である。
- 現場打ちコンクリート枠工は、桁には一般に鉄筋コンクリートが用いられ、桁の間隔は１～4m を標準とし、桁の交点にはすべり止め杭または鉄筋を法面に直角に入れて補強する。

■コンクリート張工

- 斜面の風化や侵食、岩盤の軽微なはく離や崩落を防ぐために設置され、天端及び小口部は岩盤内に水が浸入しないように地山に十分巻き込む。
- 急峻な斜面で施工するため、切土あるいは表面整正後の斜面を長期間風雨にさらすことのないよう、切土工と同様に長区間の施工は避ける。

■擁壁工

- 石積み擁壁・ブロック積み擁壁やコンクリート擁壁などによって、斜面脚部の安定や斜面上部からの崩壊土砂の待受けなどをはかる工法。
- 基礎掘削や斜面下部の切土は、斜面の安定に及ぼす影響が大きいので最小限になるように検討する。

もたれ式 コンクリート擁壁工	• 重力式コンクリート擁壁と比べると崩壊を比較的小規模な壁体で抑止でき、擁壁背面が比較的良好な地山において多用される。 • コンクリートの打継ぎ面は垂直にする。
重力式 コンクリート擁壁工	• 施工に際しては、山側地盤の掘削を極力避け、掘削土量をできるだけ少なくする。 • 擁壁の伸縮目地は、一般に、10 ～ 20m に１箇所設置する。 • 擁壁背面の水を排除するために水《みず》抜《ぬ》き孔《あな》を勾配をつけて設置する。
待受け式 コンクリート擁壁工	• 斜面崩壊を直接抑止することが困難な場合に斜面脚部から離して設置される。

■落石対策工

- 斜面上の転石の除去などにより落石を未然に防ぐ落石予防工と、落石を斜面下部や中部で止める落石防護工に大別される。

Lesson 12

急傾斜地崩壊防止工(2)・渓流保全工

護岸工の目的

床屋の袖を
(床固《とこがた》め工の袖部《そでぶ》)
拝《おが》んで　縫合《ほうごう》
(護岸工)　(保護)

床固め工の袖部の保護も、護岸工の目的の１つである。

■急傾斜地崩壊防止工

グラウンドアンカー工

- 表面の岩盤が崩落またははく落するおそれがある場合や、不安定な土層を直接安定した岩盤に緊結する場合などに用いられる。
- アンカーの削孔《さくこう》は、直線性を保つよう施工し、削孔後の孔内を清水により洗浄する。
- 孔内グラウトの注入は、削孔された孔の最深部から注入して、所定のグラウトが孔口から排出するまで連続して行う。
- アンカーの緊張・定着は、グラウトが所定の強度に達した後、適性試験、確認試験により変位特性を確認し、所定の有効緊張力が得られるように緊張力を与える。

■渓流保全工

- 洪水流の乱流や渓床高の変動を抑制するための横工（床固め工・帯工）、側岸侵食を防止するための縦工（護岸工・水制工）を組み合わせて設置される。

床固め工

- 縦侵食を防止して河床の安定をはかり、河床堆積物の流出を抑制するとともに、護岸などの工作物の基礎を保護するために設けられる。
- 渓流保全工の上下流端、計画河床勾配の変化点などに、上流の勾配による影響をできる限り下流に及ぼさないように設置される。
- コンクリートを打ち込むことにより構築される場合が多いが、地すべり地などのように柔軟性の必要なところでは、枠工や蛇かごによる床固め工が設置される。

帯工

- 床固め工間隔が大きい場合、局所的洗掘《せんくつ》により河岸に悪影響が及ぶことから、計画河床を維持するための構造物として設けられる。
- 同じ河床勾配が長い距離で続く場合に、中間部での過度の渓床変動を抑制するために施工する。
- 原則として、天端高は計画渓床高と同一として落差をつけない。

護岸工

- 渓岸の崩壊防止、山脚の固定、渓岸の横侵食防止、床固工の袖部の保護などを目的として設置する。
- 渓床勾配が比較的緩く、流水やその中に含まれる砂礫による摩耗・破壊が少ないと考えられる区間では、緩勾配として親水性の向上をはかる。
- 背後地に湧水が多い場合は、水抜き孔を設けて護岸にかかる外力の減少をはかり、水抜き孔の設置位置は常時の水位より高い位置とする。

水制工

- 流水や流送土砂をはねて渓岸構造物の保護や渓岸侵食の防止をはかるものと、流水や流送土砂の流速を減少させて縦侵食の防止などをはかるものがある。
- 瀬、淵の創出効果は期待できない。
- 荒廃渓流に設置される場合、水制頭部が流水及び転石の衝撃を受けることから堅固な構造とし、頭部を渓床の中に深く掘り入れる。

Lesson 13

アスファルト舗装／路床の施工

路床の仕上り厚さ

ローションパック　仕上り
(路床)　(仕上り)

アップするのは　20歳までよ
(厚さ)　(20cm以下)

路床の1層の仕上り厚さは、20cm以下とする。

■構築路床の築造

- 構築路床の築造工法は、路床の必要とするCBRと計画高さ、残土処分地及び良質土の有無などに配慮して決定する。
- 切土路床は、表面から30cm程度以内に木根、転石などの路床の均一性を損なうものがある場合はこれらを取り除いて仕上げる。
- 盛土路床は、使用する盛土材の性質をよく把握した上で均一に敷き均して十分に締め固める。
- 1層の敷均し厚さは仕上り厚20cm以下を目安とする。
- 盛土路床は、路床土が粘性土や含水比が高い土の場合には、施工後の降雨排水対策として、縁部に仮排水溝を設けておく。
- 路体に用いる破砕岩や岩塊、玉石などの多く混じった土砂は、敷均し・締固め作業が容易で、盛土としての安定性が高い。
- 置換え工法は、軟弱な現地盤を所定の深さまで掘削し、良質土を原地盤の上に盛り上げて構築路床を築造する工法で、掘削面以下の層をできるだけ乱さないよう留意して施工する。
- 路床構築後に上層の施工まで相当の期間がある場合には、構築路床面の保護を行うとともに、降雨による軟弱化や流出の防止などに配慮する必要がある。

■路床の安定処理

- 安定処理工法は、現状路床土の有効利用を目的とする場合は、CBR が 3 未満の軟弱土に適用される。
- 一般に路上混合方式で行い、所定の締固め度が得られることが確認できれば、全層を１層で仕上げる。

注意 • 中央プラントで行うのではない！

施工方法

- 不陸《ふりく》整正や、必要に応じて仮排水溝の設置などを行ってからセメント、石灰など安定材の散布を行う。
- 安定材の散布を終えたのち、ロードスタビライザなど、適切な混合機械を用いて所定の深さまで混合し、混合むらが生じた場合には再混合する。
- 安定材の散布・混合に際して粉塵《ふんじん》対策を施す必要がある場合は、防塵型の安定材を用いたり、混合機の周りにシートを設置するなどの対策を講じる。
- 安定処理材に粒状の生石灰を用いる場合には、１回目の混合が終了したのち仮転圧して放置し、生石灰の消化を待ってから再び混合する。
- 混合終了した安定処理土は、タイヤローラなどにより仮転圧を行い、モータグレーダなどで所定の形状に整形した後、タイヤローラなどにより締め固める。
- 軟弱で締固め機械が入れない場合には、湿地ブルドーザなどで軽く転圧を行ったのち、数日間養生してから整形して、タイヤローラなどで締め固める。

土質と安定処理材

砂質土	セメント	粘性土	石灰

■プルーフローリング試験

- 路床の施工終了後は、タイヤローラなどを走行させてたわみを目視で観察するとともに、締固め不足や材料不良の箇所がないかを調べる方法としてプルーフローリングを行う。

> - 乾燥している路床面には、試験開始の半日程前に散水して、路床面を湿潤な状態にして試験を行う。
> - ベンケルマンビームにより測定されたたわみ量が、仕上り後の路床の許容量を超過する場所には、掘削して不良箇所を取り除き、良質な材料と置換するか、掘削した材料をよく乾燥させ、再度締め固める。
> - 追加転圧用の荷重車にタイヤローラを使用する場合は、規定の総質量（総重量）及びタイヤ空気圧について事前に確認して使用する。

Lesson 14

アスファルト舗装／路盤の施工

プライムコート

ロバのお面に乳液ぬって
（路盤面）（アスファルト乳剤）

風呂にいこうっと
（プライムコート）

路盤面には、施工終了後、アスファルト乳剤などでプライムコートを施す。

■下層路盤の施工

粒状路盤工法

- 締固め前に降雨などにより路盤材料が著しく水を含み締固めが困難な場合には、晴天を待って曝気《ばっき》乾燥を行う。
- 粒状路盤材料が乾燥しすぎている場合は、適宜《てきぎ》散水し、最適含水比付近の状態で締め固める。
- 粒状路盤材料として砂等の締固めを適切に行うためには、その上にクラッシャラン等をおいて同時に締め固めてもよい。
- １層の仕上り厚さは 20cm 以下を標準とし、敷均しは一般にモータグレーダで行う。

安定処理工法

- 一般に路上混合方式により路盤材料を製造する。
- １層の仕上り厚さは 15 ～ 30cm を標準とし、転圧には２種類以上の舗装用ローラを併用すると効果的である。

• 敷均し機械には、一般にモータグレーダを用い、所定の仕上り厚さとなるよう余盛りを考慮して均一な厚さとなるように施工する。

セメント安定処理	• 下層路盤材料の骨材の品質は、修正 CBR10％以上のものを使用する。 • 地域材料や補足材を用いる場合は、整正した在来砂利層等の上に均一に敷き広げる。
石灰安定処理	• セメント安定処理に比べて強度の発現が遅いが、長期的には耐久性及び安定性が期待できる。 • 横方向の施工継目は、前日の施工端部を乱してから新しい材料を打ち継ぐ。

■上層路盤の施工

• 骨材の最大粒径は、40mm 以下でかつ 1 層の仕上り厚さの 1/2 以下がよい。

粒度調整工法	• 上層路盤材料の品質規格は、修正 CBR80％以上、PI（塑性指数）4 以下とする。 • 75μm ふるい通過量は、締固めが行える範囲でできるだけ少ないものがよい。 • 路盤材料が著しく水を含み締固めが困難な場合には、晴天を待って曝気乾燥を行う。 • 路盤材料が乾燥しすぎている場合は適宜散水し、最適含水比付近の状態で締め固める。
セメント安定処理工法	• セメント量が多くなる場合は、安定処理層の収縮ひび割れにより上層のアスファルト混合物層にリフレクションクラックが発生するので注意する。 • 締固めは、敷き均し後の路盤材料が硬化しはじめる前までに行う。
石灰安定処理工法	• セメント安定処理工法に比べて強度の発現が遅い。 • 締固めは最適含水比より湿潤状態で行う。
瀝青《れきせい》安定処理工法	• 加熱アスファルト安定処理路盤材料は、一般にアスファルト量が少ないため、混合場所における混合時間を長くするとアスファルトの劣化が進むので注意する。 • 1 層の仕上り厚が 10cm を超えるシックリフト工法は、施工厚さが厚いため混合物の温度が低下しにくく、締固め終了後早期に交通開放ができない。

Lesson 15 アスファルト舗装／基層・表層の施工

ローラによる転圧

ローラの天かす
（ローラの転圧）

購買力の低い人から順に
（勾配の低い方から）

ローラによる転圧は、横断勾配の低い方から高い方へ、順次幅寄せしながら行う。

■アスファルト混合物の敷均し

- 使用アスファルトの温度粘度曲線に示された最適締固め温度を下回らないよう温度管理に注意する。
- 通常、アスファルトフィニッシャにより敷均し、敷均し時の混合物の温度は、一般に、110℃を下回らないようにする。
- 寒冷期の敷均しに際しては、連続作業に心掛け、アスファルトフィニッシャのスクリードを断続的に加熱する。

注意　・断続作業ではない！

- 敷均し作業中に雨が降りはじめた場合には、敷均し作業を中止するとともに、敷き均した混合物を速やかに締め固めて仕上げる。

■アスファルト混合物の締固め

- アスファルト混合物は、敷均し終了後、所定の密度が得られるように、継目転圧、初転圧、二次転圧及び仕上げ転圧の順に締固め作業を行う。
- 締固め作業のローラは、一般にアスファルトフィニッシャ側に駆動輪を向けて、横断勾配の低い方から高い方に向かい、順次幅寄せしながら低速かつ等速で転圧する。

- 初転圧の転圧温度は、一般に 110 ～ 140℃で、ヘアクラックの生じない限りできるだけ高い温度とする。
- 初転圧は、一般にロードローラで 2 回（1 往復）程度行う。
- 二次転圧は、一般にタイヤローラ、または振動ローラで行う。
- 二次転圧で振動ローラを使用する場合は、タイヤローラよりも少ない転圧回数で所定の締固め度が得られる。
- 振動ローラによる二次転圧では、転圧速度が速すぎると不陸や小波が発生し、遅すぎると過転圧になるおそれがある。
- 仕上げ転圧は、不陸の整正やローラマークを消去するために行うものであり、タイヤローラあるいはロードローラで 2 回程度行うとよい。

■継《つぎ》目《め》の施工

- 横継目の施工にあたっては、既設舗装の補修・延伸の場合を除いて、下層の継目の上に上層の継目を重ねないようにする。
- 縦継目部は、レーキなどで粗骨材を取り除いた新しい混合物を、既設舗装に 5cm 程度重ねて敷き均し、直ちに新しく敷き均した混合物にローラの駆動輪を 15cm 程度かけて転圧する。
- ホットジョイントの場合は、縦継目側の 5 ～ 10cm 幅を転圧しないでおいて、この部分を後続の混合物と同時に締め固める。
- コールドジョイント部は、温度が低下しやすく締固め不足になりやすいため、直前に過加熱に注意して既設舗装部分をガスバーナなどで加熱しておく。

■交通開放時の舗装の温度

- 交通開放時の舗装の温度は、舗装の初期のわだち掘れに大きく影響するが、表面の温度を 50℃以下とすることにより、変形を小さくすることができる。

プラスα　改質アスファルト混合物の舗設

- 改質アスファルト混合物の舗設は、通常の加熱アスファルト混合物に比べて、より高い温度で行う場合が多いため、特に温度管理に留意して速やかに敷き均す。

Lesson 16 アスファルト舗装／各種舗装の施工

グースアスファルト舗装

マザーグースの
（グースアスファルト舗装）

交遊関係
（鋼床版）

グースアスファルト舗装は、鋼床版舗装等の鏡面舗装に用いられる。

■各種アスファルト舗装

半たわみ性舗装	• 空隙《くうげき》率の大きなアスファルト混合物に浸透用セメントミルクを浸透させたもので、耐流動性・明色性などの性能を有し、一般に重交通道路の交差点部などに用いられる。 • セメントミルクの注入は、一般に母体となるアスファルト混合物層の表面温度50℃程度以下で行う。
保水性舗装	• 保水機能を有する表層及び基層に保水された水分が蒸発する際の気化熱により、路面温度の上昇と蓄熱を抑制する効果がある。 • 母体となるポーラスアスファルト混合物に舗装としての性能を期待するため、バインダにはポリマー改質アスファルトを使用する。
グースアスファルト舗装	• グースアスファルト混合物を用いたもので、不透水性やたわみ性等の性能を有し、一般に鋼床版舗装等の橋面舗装に用いられる。 注意 • コンクリート床版ではない！

■排水性舗装

- 排水機能を有する舗装は、雨水などを路面に滞らせることなく、排水する機能を有する舗装で、透水機能層には、ポーラスアスファルト混合物が用いられる。

ポーラスアスファルト混合物の施工

- ポーラスアスファルト混合物は、粗骨材が多いのですりつけが難しく、骨材も飛散しやすいので、すりつけ最小厚さは粗骨材の最大粒径以上とする。
- 敷均し作業は、温度の低下が通常の混合物よりも早いため、混合物の供給計画をもとに敷均し速度を設定するなどして連続的に行う。
- 温度低下が通常の混合物よりも早いため、敷均し後速やかに初転圧を行う。
- 初転圧及び二次転圧は、ロードローラを用いた締固めにより所定の締固め度を確保する。
- ロードローラに代えて、振動ローラを無振で使用することもある。
- 仕上げ転圧では、表面のきめを整えて、混合物の飛散を防止する効果も期待して、タイヤローラを使用することが多い。
- タイヤローラによる仕上げ転圧は、転圧温度が高すぎるとポーラスアスファルト混合物の空隙つぶれが生じる懸念があるため、混合物がタイヤローラに付着しない程度（70℃程度）の表面温度になってから行う。
- タックコートは、通常はアスファルト乳剤を用いるが、ポーラスアスファルト混合物を舗設する場合は、ゴム入りアスファルト乳剤を用いる。
- 既設舗装を切削してポーラスアスファルト混合物を舗設する場合は、切削溝がタックコートの塗りむらや排水の障害を生じやすいので、できるだけ平滑に切削する。
- 表層または表・基層にポーラスアスファルト混合物を用い、その下の層に不透水性の層を設ける場合は、不透水性の層の上面の勾配や平坦性の確保に留意して施工する。
- 施工基盤にクラックなどが発生している場合は、既設舗装に構造的な問題がない場合でも、あらかじめクラック部にシール材を注入するなどの処置を行う。

プラスα　排水性舗装の表層の厚さ

- 排水性舗装の表層の厚さは、粗骨材の最大粒径の 2.5 倍以上とする。

Lesson 17

アスファルト舗装／補修工法

わだち掘れ

わだち　惚れちゃった
（わだち　掘れ）

あなたが通ったあとに
（走行軌跡部）

Oh ～♥　突撃！
（凹）　（凸）

わだち掘れは、道路の横断方向の凹凸で、
車両の通過位置に生じる。

■打換え工法

打換え工法	• 既設舗装のひび割れの程度が大きい場合に、路盤もしくは路盤の一部まで打ち換える工法。
局部打換え工法	• 既設舗装の破損が局部的に著しく、その他の工法では補修できない場合に、表層・基層あるいは路盤から局部的に打ち換える工法。
線状打換え工法	• 一般に線状に発生したひび割れに沿って加熱アスファルト混合物を打ち換える工法。 • 規模の大きな線状打換えにおいては、既設舗装の撤去に線状切削機械を使用する。
表層・基層打換え工法	• 既設舗装を表層または基層まで打ち換える工法。 • 流動によるわだち掘れが大きい場合に用いられる。

■オーバーレイ工法

オーバーレイ工法	•既設舗装の上に、厚さ 3cm 以上の加熱アスファルト混合物を舗設する工法。 •施工厚さは、沿道条件などから最大で 15cm 程度とし、これ以上の厚さが必要となる場合は他の工法を検討する。
薄層オーバーレイ工法	•予防的維持工法として用いられることもあり、既設舗装の上に薄層で加熱アスファルト混合物を舗設する工法。
切削オーバーレイ工法	•切削により既設アスファルト混合物層を撤去してから、その上に加熱アスファルト混合物で舗設する工法。 •切削屑をきれいに除去し、特に切削溝の中に切削屑などを残さないようにする。
わだち部オーバーレイ工法	•既設舗装のわだち部のみを加熱アスファルト混合物で舗設する工法。 •主として摩耗などによってすり減った部分を補うことを目的とし、流動によって生じたわだち掘れ箇所には適さない。

■その他の補修工法

路上路盤再生工法	•路上で既設アスファルト混合物層を破砕すると同時に、セメントなどの安定材と既設路盤材料などとともに混合・転圧して、新たに路盤を構築する工法。
路上表層再生工法	•現位置において、既設アスファルト混合物の加熱・かきほぐしを行い、新規アスファルト混合物や再生用添加剤を加えて混合・転圧し、再生した表層を構築する工法。
切削工法	•路面の凸部等を切削除去し、不陸や段差の解消等を行う工法。
シール材注入工法	•予防的維持工法として用いられることもあり、比較的幅の広いひび割れに注入目地材等を充填する工法。
表面処理工法	•予防的維持工法として用いられることもあり、既設舗装の上に加熱アスファルト混合物以外の材料を使用して、3cm 未満の封かん層を設ける工法。
パッチング及び段差すり付け工法	•ポットホール、くぼみ、段差などを加熱アスファルト混合物や常温混合物などで応急的に充填する工法。

Lesson 18 コンクリート舗装

表面仕上げの順序

あら、
（荒仕上げ）

平たい　そう麺
（平坦仕上げ）（粗面《そめん》仕上）

コンクリートの表面仕上げは、荒仕上げ、平坦仕上げ、粗面仕上げの順に行う。

■コンクリート舗装の種類

ポーラスコンクリート舗装	•高い空隙率を有したポーラスコンクリート版を使用し、これにより排水機能や透水機能などを持たせた舗装。
プレキャストコンクリート版舗装	•工場で製作したコンクリート版を路盤上に敷設し、築造する舗装。 •施工後早期に交通開放ができるため修繕工事に適する。
薄層コンクリート舗装	•コンクリートでオーバーレイする舗装。 •既設コンクリート版にひび割れが多発している箇所など、構造的に破損していると判断される場合には適さない。
コンポジット舗装	•表層または表層・基層にアスファルト混合物を用い、直下の層にセメント系の版を用いた舗装。 •通常のアスファルト舗装より長い寿命が期待できる。

■コンクリート舗装の施工

運搬・荷卸《におろ》し

• スランプが 5cm 未満の硬練《かたね》りコンクリート及び転圧コンクリートの運搬は、ダンプトラックで行う。

- スランプが 5cm 以上のコンクリートの運搬は、アジテータトラックで行う。
- コンクリートを直接路盤上に荷卸しする場合は、材料分離を防いで、敷均し作業を容易にするため、できるだけコンクリートの山が小さくなるように何回にも分けて荷卸しする。

施工順序

- 荷卸し → 敷均し → 鉄網及び縁部補強鉄筋の設置 → 敷均し → 締固め → 荒仕上げ → 平坦仕上げ → 粗面仕上げや養生の順。

敷均し

- コンクリートの敷均しは、スプレッダを用いて、全体ができるだけ均等な密度になるよう余盛りをつけて行う。

注意 • コンクリートフィニッシャではない！

- 鉄網を用いる場合は 2 層で、鉄網を用いない場合は 1 層で行う。

鉄網及び縁部補強鉄筋の設置

- コンクリート版に使用する鉄網の埋込み深さは、コンクリート版上面から版厚の 1/3 の位置とする。

締固め

- コンクリートの締固めは、鉄網の設置の有無にかかわらず、1 層で行う。
- コンクリートをフィニッシャなどで締固めを行うときは、型枠及び目地の付近は締固めが不十分になりがちなので、棒状バイブレータなど適切な振動機器を使用して細部やバー周辺も十分締め固める。

表面仕上げ

- 平坦仕上げだけでは表面が平滑すぎるので、粗面仕上げ機または人力によりシュロなどで作ったほうきやはけを用いて、表面を粗面に仕上げる。

養生

- 初期養生は、コンクリート版の表面仕上げに引き続き行い、後期養生ができるまでの間、コンクリート表面の急激な乾燥を防止するために行う。
- 後期養生は、その期間中、養生マットなどを用いてコンクリート版表面をすき間なく覆い、完全に湿潤状態になるように散水する。

プラスα　横収縮目地の目地溝

- 横収縮目地に設ける目地溝は、コンクリート版に有害な角欠けが生じない範囲内で早期にカッタにより形成する。

Lesson 19

コンクリート舗装の補修

コンクリート舗装の補修工法

階段を駆け上るアパッチ
（段差・欠損）　（パッチング工法）

バーっとステキに
（バーステッチ工法）

パンを串刺し
（版を鋼材で連結）

パッチング工法は、欠損箇所や段差等に材料を充填する工法、バーステッチ工法は、ひび割れと直角に切り込んだカッタ溝に鋼材を埋設して、ひび割れの両側の版を連結する工法である。

■主な補修工法

打換え工法

- 広域にわたりコンクリート版そのものに破損が生じた場合に、打換え面積、路床・路盤の状態、交通量などを考慮して、コンクリートまたはアスファルト混合物で打ち換える工法である。
- 打換え工法では、既設の路側構造物と打換えコンクリート版との間には、瀝《れき》青《せい》系目地板などを用いて縁を切り、自由縁部とする。
- 打換え工法の路盤の締固めにあたっては、特に縁部や隅角部の締固めが不十分になりやすいので、ハンドガイドローラなどを使用して締め固める。

局部打換え工法

- 隅角部の局部打換えにおいて、路床・路盤が不良で施工面積が小さく、転圧作業が困難の場合には、ソイルセメントなどで置き換える。

- 隅角部の局部打換えでは、ブレーカなどを用いてひび割れを含む方形部分のコンクリートを取り除き、旧コンクリートの打継面は鉛直になるようにはつる。
- 隅角部の局部打換えでは、ひび割れの外側をコンクリートカッタで 2 ～ 3cm の深さに切り、カッタ線が交わる角の部分は、応力集中を軽減させるため丸味を付けておく。
- コンクリート版の横断方向のひび割れに対する局部打換えでは、ひび割れが目地から 3m 以上の位置に生じた場合、そのひび割れ部を収縮目地に置き換える。

オーバーレイ工法

- コンクリートによる切削オーバーレイ工法では、その目地は既設コンクリート舗装の目地位置に合わせ、切断深さはオーバーレイ厚の 1/3 とする。
- コンクリートによるオーバーレイ工法でポルトランドセメントを用いた場合には、散水養生を行い、養生マットで十分な湿潤状態を保つようにする。
- アスファルト混合物によるオーバーレイ工法では、オーバーレイ厚の最小厚は 8cm とすることが望ましい。
- アスファルト混合物によるオーバーレイ工法で、リフレクションクラックの早期発生が予測される場合には、クラック抑制シートや応力緩和層の設置を検討する。

■その他の補修工法

パッチング工法	• コンクリート版に生じた欠損箇所や段差等に材料を充填して、路面の平坦性などを応急的に回復させる工法。
注入工法	• コンクリート版と路盤との間に出来た空隙や空洞を充填したり、沈下を生じた版を押し上げて平常の位置に戻したりする工法。
バーステッチ工法	• コンクリート版のひび割れ部に直角に切り込んだカッタ溝を設け、その中に異形棒鋼などの鋼材を埋設して、ひび割れを挟《はさ》んだ両側の版を連結させる工法。
表面処理工法	• コンクリート版表面に薄層の舗装を施工して、車両の走行性、すべり抵抗性や版の防水性等を回復させる工法。
グルービング工法	• 雨天時のハイドロプレーニング現象の抑制や、すべり抵抗性の改善等を目的として実施される工法。

Lesson 20

ダムの基礎処理

グラウチングの改良効果

校歌がよくなったか
(改良効果)

ラジオで判定
(ルジオン値で判定)

グラウチングによる遮水性等の改良効果は、ルジオン値で判定する。

■ダムの基礎掘削

- 基礎掘削は、掘削計画面より早く所要の強度の地盤が現れた場合には掘削を終了し、逆に予期しない断層や弱層などが現れた場合には、掘削線の変更や基礎処理を施さなければならない。
- 掘削計画面から 3m 付近の粗掘削は、小ベンチ発破工法やプレスプリッティング工法などにより施工し、基礎地盤への損傷を少なくするよう配慮する。
- 仕上げ掘削は、一般に掘削計画面から 50cm 程度残した部分を、火薬を使用せずに小型ブレーカや人力で基礎岩盤に損傷を与えないよう丁寧に、コンクリート打設前に施工する。

■グラウチングの施工

- グラウチングは、ルジオン値に応じた初期配合及び地盤の透水性状などを考慮した配合切替え基準をあらかじめ定めておき、濃度の薄いものから濃いものへ順次切り替えつつ注入を行う。
- グラウチングの施工は、注入による基礎地盤の改良状況の確認と追加孔の必要性の判断が容易にできる中央内挿法により実施する。

- 注入圧力は、地盤の限界圧力を考慮し、堤体、基礎地盤等に有害な変位を生じない範囲で、地盤の改良が最大となるように設定する。
- 近接孔で同時に注入作業を行う場合は、注入や地盤への影響を考慮して、平面的には同ステージで隣接孔と 6m 以上、深さ方向には隣接孔と 5m 以上の間隔を取るのが一般的である。
- ダム基礎グラウチングの施工法には、ステージ注入工法とパッカー注入工法のほかに、特殊な注入工法として二重管式グラウチングがある。
- 注入方式は、パッカー方式より孔壁の崩壊によるジャーミングの危険性が少ないステージ方式を標準とする。
- ステージ注入工法は、上位から下位のステージに向かって施工する方法である。

■グラウチングの種類

コンソリデーショングラウチング	• 着岩部付近における遮水性の改良や基礎地盤弱部の補強を目的として行う。 • 重力式コンクリートダムの孔配置は、規定孔を格子状に配置する。 • アーチ式コンクリートダムでは、堤体幅が狭く、基礎地盤に作用する応力が大きいため、堤敷全体に施工する。 • ロックフィルダムでは、堤敷上流端から基礎排水孔までの間、または浸透路長の短い部分が施工範囲となる。
カーテングラウチング	• ダムの基礎地盤及びリム部の地盤において、浸透路長が短い部分と貯水池外への水みちとなるおそれのある高透水部の遮水性の改良が目的である。 • コンクリートダムでは、上流フーチングまたは堤内通廊から、リム部は地表またはリムグラウチングトンネルから行うのが一般的である。 • ロックフィルダムでは、監査廊から行うのが一般的である。
ブランケットグラウチング	• ロックフィルダムのコア着岩部付近を対象に、カーテングラウチングと相まって遮水性を改良することを目的として行う。

プラスα　水押し試験

- 水押し試験の結果得られるルジオン値や限界圧力は、グラウチングによる遮水性の改良状況の把握や、セメントミルクの初期濃度、最高注入圧力等を決定するための基礎的データとなる。

Lesson 21

コンクリートダムの施工（1）

RCD工法、ブロック工法

神童ローラの　ある CD
（振動ローラ）　（RCD 工法）

バイブの動作でブロック
（バイブロドーザ）　（ブロック工法）

コンクリートの締固めは、ブロック工法ではバイブロドーザなどの内部振動機を用い、RCD 工法では振動ローラが一般に用いられる。

■面状工法

- 施工中の堤体を横断方向（ダム軸に直角方向）に、原則として、3 打設区画以上に分割し、分割した区画内を一度に打設する工法。
- 柱状ブロック工法に比べて低リフトで、大区画を対象に、大量のコンクリートを一度に打設する。

RCD 工法

- ダンプトラックなどで堤体に運搬された RCD 用超硬練りコンクリートをブルドーザにより敷き均し、振動目地切り機などで横継目を設置し、振動ローラで締固めを行う工法。
- 練混ぜから締固めまでの許容時間は、夏季では 1.5 ～ 3 時間程度、冬季では 3 ～ 4 時間程度とする。
- 打込みは 0.75m リフトで 3 層、1.0m リフトでは 4 層に分割して仕上げる。
- 横継目は、ダム軸に直角方向に 15m 程度の間隔で設置する。
- 横継目は、貯水池からの漏水経路となるため、横継目の上流端付近には主副 2 枚の止水版を設置する。

- RCD用コンクリートの温度規制は、材料の吟味、打設間隔、リフト高、養生等の調整によって対処し、パイプクーリングは行わない。

拡張レヤー工法（ELCM）

- 従来のブロックレヤー工法をダム軸方向に拡張し、複数ブロックを一度に打ち込み堤体を面状に打ち上げる工法。
- 有スランプのダムコンクリートを、ダム軸方向の複数のブロックに一度に打設し、内部振動機を用いて締め固める。

注意 • 振動ローラで締め固めるのではない！

- 1リフトの打込み高さは、0.75mまたは1.5mを標準とする。
- 温度規制の方法には、打上り速度の制限のほか、夏季の場合はプレクーリングや夜間打設などがある。

■柱状工法

ブロック工法

- コンクリートダムを適当な大きさに分割して施工する工法で、隣接ブロック間のリフト差は、標準リフト1.5mの場合に横継目間で8リフト、縦継目間で4リフト以内にする。
- 一般的に横継目を15m間隔に、縦継目を30〜50m程度の間隔に設け、それにより分割されたブロックごとに打設する。
- コンクリート運搬用のバケットを用いてコンクリートを打込む場合は、バケットの下端が打込み面上1m以下に達するまで下ろし、所定の打込み場所にできるだけ近づけてコンクリートを放出する。
- コンクリートのリフト高は、コンクリートの熱放散、打設工程、打継面の処理などを考慮して0.75〜2mを標準とする。
- 柱状ブロック工法のうち、横継目だけを設けて縦継目を設けない場合を、レヤー工法という。

プラスα CSG工法

- 手近に得られる岩石質材料に極力手を加えず、水、セメントを添加混合したものをブルドーザで敷き均し、振動ローラで締め固める工法。
- 打込み面はブリーディングが極めて少ないことから、グリーンカットは必要としない。

Lesson 22

コンクリートダムの施工（2）

遮水ゾーンの施工

火・水曜日は
（遮水ゾーン）

断食の方向で
（ダム軸方向）

遮水ゾーンでの敷均し・転圧は、ダム軸方向に行う。

■ゾーン型フィルダムの施工

- 基礎掘削は、一般に遮水ゾーンでは十分な遮水性が期待できる岩盤まで掘削し、透水ゾーンでは所要のせん断強度が得られるまで地山の緩んだ部分を取り除く程度の掘削を行う。
- 基礎部においてヘアクラックなどを通して浸出してくる程度の湧水がある場合は、湧水箇所の周囲を先に盛り立てて排水を実施し、その後一挙にコンタクトクレイで盛り立てる。
- 遮水ゾーンと半透水ゾーンの盛り立ては、水平に盛り立てることが望ましく、境界部では半透水性材料が遮水ゾーンにはみ出さないように施工する。
- 遮水ゾーンを盛り立てる際のブルドーザによる敷均しは、できるだけダム軸方向に行うとともに、均等な厚さに仕上げる。

注意 • ダム軸と直角方向ではない！

- 遮水ゾーンの転圧は、原則としてダム軸方向に行い、未転圧部が生じないよう10cmは重複させる。 注意 • ダム軸と直角方向ではない！

- 遮水ゾーンの盛立面に遮水材料をダンプトラックで撒《ま》き出すときは、できるだけフィルタゾーンを走行させるとともに、遮水ゾーンは最小限の距離しか走行させないようにする。
- フィルダムの遮水材料の転圧用機械は、近年は振動ローラを採用することが多い。
- 着岩部の施工では、一般的に遮水材料よりも粒径の小さい着岩材を、人力あるいは小型締固め機械を用いて施工する。
- 遮水ゾーンの施工は、一般に最適含水比前後の定められた狭い範囲で締め固めることが要求されるので、降雨時には一般に行わない。

■各部位のダムコンクリート

内部コンクリート	•水圧などの作用を自重で支える機能を持ち、所要の単位容積質量と強度が要求され、大量施工を考慮して、発熱量が小さく、施工性に優れていることが必要である。
外部コンクリート	•水密性、すりへり作用に対する抵抗性、耐凍害性が要求される。
着岩コンクリート	•岩盤との付着性及び不陸のある岩盤に対しても容易に打ち込めて一体性を確保できることが要求される。
構造用コンクリート	•鉄筋や埋設構造物との付着性、鉄筋や型枠などの狭あい部での施工性に優れていることが要求される。

■ダムコンクリートの施工

- 基礎岩盤面のくぼみに溜まった水は、コンクリート打込み前にスポンジ、バキュームなどで取り除き、岩盤面は湿潤状態に保つ。
- ダムコンクリートは、作業に適するワーカビリティーが得られる範囲で、できるだけ硬練りコンクリートとする。
- コンクリート打込み終了後は、硬化作用の順調な進展と乾燥による表面ひび割れを防ぐために、柱状ブロック工法では湛水《たんすい》養生、面状工法では散水養生が標準的である。

Lesson 23

トンネルの観察・計測

地表面沈下測定等

糸切り歯っつうか
（切羽《きりは》通過）

前の歯あく
（前に把握）

地表面沈下や近接構造物の挙動等は、
切羽通過前に把握しておくことが重要である。

■観察・計測に関する事項

観察・計測の目的

- 施工中に切羽の状況や既施工区間の支保部材、周辺地山の安全性を確認し、現場の実情にあった設計にして、工事の安全性と経済性を確保すること。

観察・計測の項目

日常の施工管理のための項目	• 天端沈下測定 • 内空変位測定 • 坑内観察測定　等
地山条件に応じて追加して実施する項目	• 原位置調査試験 • 地山試料試験 • 坑内地中変位測定 • ロックボルト軸力測定 • 吹付けコンクリート応力測定 • 地表・地中の変位測定 • 鋼アーチ支保工応力測定 • 覆工応力測定 • 盤ぶくれ測定　等

地表面沈下測定

- 切羽通過前に地表面沈下や近接構造物の挙動等を把握することが、その後の最終変位の予測などのために重要である。
- 坑外から実施される地表面沈下測定の間隔は、一般に横断方向で 3～5m とし、トンネル断面の中心に近いほど測定間隔を小さくする。

近接構造物の挙動

- 工事着工前に対象構造物の損傷状態を把握しておくとともに、工事中には、ひび割れの伸展などの損傷の進行性を確認することが重要である。

切羽観察

- 掘削切羽ごとに行い、地質状況及びその変化状況を観察した結果について、原則として１日に１回は記録する。

■変位計測のデータ活用方法

- 地表面沈下測定の結果は、掘削影響範囲の検討などに活用される。
- 切羽観察の結果は、未施工区間の支保選定などに活用される。
- 変位計測の結果は、周辺地山の安定の確認に活用される。
- 変位計測の結果は、地山の収束後にコンクリートを打ち込む覆工の施工時期の判断に活用される。
- 変位計測の結果は、インバートの閉合時期の判断に活用される。

■トンネル工事の測量

- 坑内掘削時の管理測量には、レーザービームを使用し、測点間隔を 100m とする。
- 水準測量により、国家水準点を坑外基準点に移設し、両坑口の相対的な高さを直接測量により求める。
- 基準点は、両坑口及び作業坑口付近に設置し、この基準点に方位座標を決定する。
- 坑内測点（ダボ）は、爆破振動などにより、坑内基準点としての機能が損なわれる場合があるため、堅固に設置し、日時を決めて常に変位に対する照査を担当者を変えて行う。

Lesson 24

トンネル掘削の施工

ベンチカット工法のベンチ長

小さなベンチは、数名掛け、
(ミニベンチ)　(数 m)

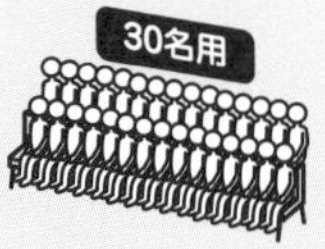

短いベンチは、30 名掛け、
(ショートベンチ)　(30m)

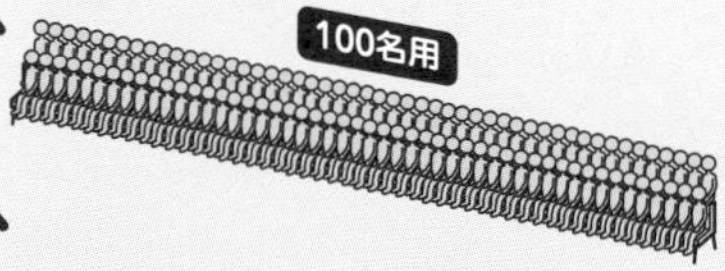

長いベンチは、100 名掛け、
(ロングベンチ)　(100m)

ベンチカット工法のベンチ長は、ミニベンチカット工法が数 m 程度、ショートベンチカット工法が 30m 程度、ロングベンチカット工法が 100m 程度である。

■主な掘削工法

全断面工法	• 小断面のトンネルや地質が安定した地山で採用されるが、施工途中での地山条件の変化に対する順応性が低い。
補助ベンチ付き全断面工法	• 全断面工法では施工が困難となる地山において、ベンチを付けて切羽の安定をはかり、上半・下半の同時施工により掘削効率の向上をはかるものである。
ベンチカット工法	• 全断面では切羽が安定しない場合に、上部半断面と下部半断面に分割して掘削する工法であり、地山が不良な場合にはベンチ長を短くする。
ロングベンチカット工法	• 全断面では切羽が自立しないが、地山が安定していて、断面閉合の時間的制約がなく、ベンチ長を自由にできる場合に適用する。
中壁分割工法	• 左右どちらか片側半断面を先進掘削し、掘削途中で各々のトンネルが閉合された状態で掘削されることが多く、切羽の安定性の確保とトンネルの変形や地表面沈下の抑制に有効である。
側壁導坑先進工法	• 側壁脚部の地盤支持力が不足する場合や、土被りが小さい土砂地山で地表面沈下を抑制する必要のある場合などに適用される。

■補助工法

切羽天端の安定対策

- 切羽安定対策のための補助工法は、断層破砕帯、崖錐《がいすい》等の不良地山で用いられ、天端部の安定対策としてフォアポーリングや長尺フォアパイリングなどがある。

フォアポーリング	• 掘削前にボルト、鉄筋、単管パイプなどを切羽天端前方方向に挿入するもので、地山の剥落《はくらく》防止対策として用いられる。 • 打設角度は、できるだけ小さい角度が望ましい。 • ボルト間地山の抜け落ちなどが発生する場合は、一般に注入式フォアポーリングの採用により地山改良が必要となる。 • 充てん式フォアポーリング工法は、先受け材として 5m 以下の鋼管が使用され、掘削断面形状の変更や施工機械設備の変更を伴う場合がある。
長尺フォアパイリング	• 地山のアーチ作用が期待できない不安定な地山を補強し、先行変位を抑制するとともに切羽の安定化を図る工法である。 • ドリルジャンボを用いて 10 ～ 20m 程度の鋼管を打設し、薬液やセメント系注入材を注入して切羽前方のトンネル掘削部外周地山に補強領域を構築する。
パイプルーフ	• トンネル掘削断面外にあらかじめボーリングしてパイプを埋設する工法で、鉄道・道路・家屋などの構造物沈下防止対策として用いられる。

切羽脚部の安定対策

- 脚部安定対策工は、最初に脚部の皿板《さらいた》の見直しなどに加え、脚部吹付け厚の増加で対処可能か判断し、効果が得られない場合はウイングリブ付き鋼アーチ支保工などを選定する。
- 仮インバートは、切羽近傍及び後方で上半盤あるいはインバート部に吹付けコンクリートなどを行うもので、上半鋼アーチ支保工と吹付けコンクリートの脚部支持地盤の強度が不足し、変形が生じるような場合に用いられる。

鏡面《かがみめん》の安定対策

- 鏡面安定対策工は、最初に鏡吹付けコンクリートで対処可能か判断し、安定性が確保できない場合は鏡ボルトの併用を検討する。

湧水対策

- 湧水対策工は、最初に水抜きボーリングで対処可能か判断し、それで対処が難しいと判断される場合は、水抜き坑、ウェルポイント、ディープウェルを選定する。

Lesson 25 支保工・覆工コンクリートの施工

吹付けコンクリート

地肌の凹凸を埋めるように
（地山の凹凸を埋める）

コーンクリームを吹き付けて
（吹付けコンクリート）

吹付けコンクリートは、地山の凹凸を埋めるように吹き付けることで、作用する土圧などを地山に分散する効果がある。

■支保工の施工

- 支保工の施工は、周辺地山の有する支保機能が早期に発揮されるよう掘削後速やかに行い、支保工と地山をできるだけ密着あるいは一体化させることが必要である。

吹付けコンクリート

- 吹付けコンクリートの施工は、掘削後できるだけ速やかに行わなければならないが、吹付けコンクリートの付着性や強度に悪影響を及ぼす掘削面の浮石などは、吹付け前に入念に取り除く。
- 吹付けコンクリートは、特に長期強度よりも初期強度が重要なので、適切な試験方法を選定して、強度を確認するのが望ましい。
- 吹付けコンクリートの施工は、地山の凹凸を埋めるように行い、鋼製支保工がある場合には、鋼製支保工の背面に空隙を残さないように注意して吹き付ける。
- 吹付けノズルは、吹付け面に直角に保ち、ノズルと吹付け面の距離及び衝突速度を適正となるように行う。

鋼製支保工

- 地山条件が悪い場合に用いられる鋼製支保工は、覆工《ふくこう》の所要の巻厚を確保するため、上げ越しや広げ越しをしておく。

ロックボルト

- ロックボルトは、施工前あるいは初期掘削段階の同一地質の箇所で引抜き試験を行い、その引抜き耐力から定着方式やロックボルトの種類などの選定を行う。
- ロックボルトの施工では、挿入孔から湧水がある場合、事前に近くに水抜き孔を設けるなど、適切な処置を講ずる必要がある。
- ロックボルトは、定着後、プレートが掘削面や吹付け面に密着するように、ナット等で固定する。

■覆工コンクリートの施工

- 覆工コンクリートの施工は、原則として、トンネル掘削後に地山の内空変位が収束したことを確認した後に行う。

型枠の設置	• 既設の覆工コンクリートとの重ね合わせ部に過度な荷重がかかるとひび割れなどが発生するため、特に天端部や、平面線形で曲線半径の小さいカーブの側壁部は注意を要する。 • 型枠面には、コンクリート打込み前に、清掃を念入りに行うとともに、適切な剥《はく》離《り》剤を適量塗布する。
打込み	• 覆工コンクリートの打込み時期は、掘削後、支保工により地山の内空変位が収束した後に施工することを原則とする。 • 適切な打上がり速度で打ち込み、型枠に偏圧がかからないよう左右均等に、できるだけ水平に連続して打ち込む。 • つま型枠を密閉せず、ブリーディング水や空気を排出するようにして行う。 • 側壁部の打込みでは、コンクリートの材料分離を生じさせないよう、適切な高さの複数の作業窓を投入口として用いる。
締固め	• 内部振動機を用いることを原則とし、コンクリートの材料分離を引き起こさないように、振動時間の設定に注意する。 • コンクリートのワーカビリティーが低下しないうちに、上層と下層が一体となるように行う。
養生	• 坑内換気やトンネル貫通後の外気の影響に注意し、一定期間において、コンクリートを適当な温度及び湿度に保つ。
型枠の取外し	• 打込んだコンクリートが自重などに耐えられる強度に達した後に行う。 • 型枠の取外し時期を決定するコンクリートの材齢強度は、養生条件を実際の現場条件と合わせた供試体を用いた試験によって確認した強度とする。 注意 • 標準養生の供試体ではない！

Lesson 26

海岸堤防の施工

裏込め材等の粒形

龍の形
（粒形）

上は大きく　**下は小さく**
（上層は大きく）　（下層は小さく）

緩傾斜型堤防・護岸の裏込め材等の粒形は、
上層を大きく、下層を小さくする。

■海岸堤防の施工

留意事項

- 自然景観を損ない、周辺環境と調和しないなどの弊害を避けるため、堤防の使用材料に自然石や木などを利用するなどの工夫が必要である。
- 強度の低い地盤に施工せざるを得ない場合には、必要に応じて押え盛土、地盤改良などを考慮する。
- 海上工事となる場合は、波浪、潮汐《ちょうせき》、潮流の影響を強く受け、作業時間が制限される場合もあるので、現場の施工条件に対する考慮が重要である。
- 堤体の裏法勾配は、堤体の安全性を考慮して定め、堤防の直高が大きい場合には、法面が長くなるため、小段を配置する。

堤体盛土

- 堤体盛土は、十分締め固めても収縮や圧密により沈下するため、天端高、堤体の土質、基礎地盤の良否などを考慮して必要な余盛りを行う。
- 堤体盛土の材料には、原則として、多少の粘土質を含む砂質・砂礫質材料など、適切な粒形分布をした土砂を用いる。

根固工

- 海岸堤防の表法被覆工の法先または基礎工の前面に接続して設け、単独に沈下、屈とうできるように被覆工や基礎工と絶縁する。

注意 • 一体化させるのではない！

- 法先が砂地盤などで波による洗掘や吸出しを受けやすい箇所などには、栗石、捨石《すていし》の基礎工を設ける。

捨石根固工	• 表層に所要の質量のものを 3 個並び以上とし、根固工の内部に向かって次第に小さい石を捨て込む。 • 汀線《ていせん》付近に設置する場合は、原地盤を 1m 以上掘り込むか、天端幅を広くとる。
異形ブロック根固工	• 適度のかみ合わせ効果を期待する意味から、天端幅は異形ブロックを最小限 2 個並び、層厚は 2 層以上とする。 • 異形ブロック間の空隙が大きいため、その下部に空隙の小さい捨石層を設けることが望ましい。

■緩傾斜堤防・護岸の施工

- 法面勾配は 1：3 より緩くし、法尻については、ブロックの先端を同一勾配で地盤に根入れして施工する。
- 緩傾斜堤防の排水工は、裏法被覆工の法尻に設け、緩傾斜護岸の排水工は天端被覆工の陸側端に設ける。

注意 • 海側ではない！

- 表法に設置する裏込め工は、現地盤上に栗石・砕石層を 50cm 以上の厚さとして、十分安全となるように施工する。
- 表法に設置する裏込め工で、裏込め材を 2 層に分ける場合の粒径は、盛土面に接する部分は小さくし、その上層のブロックに接する部分は大きなものとする。
- 堤脚位置が海中にある場合には、汀線付近で吸出しが発生することがあるため、層厚を厚くするとともに、上層から下層へ粒径を徐々に小さくして施工する。
- 吸出し防止材を用いる場合には、裏込め工の下層に設置し、裏込め工下部の砕石等を省略せずに施工する。

Lesson 27

消波工・防波堤・離岸堤

乱積み

乱杭歯も
（乱積み）

高菜をかんだら
（高波）

かみ合わせがよくなるよ
（かみ合わせがよくなる）

乱積みは、高波を受けるたびに沈下し、
徐々にブロックどうしのかみ合わせがよくなる。

■消波工の施工

- 消波効果を高めるため表面粗度を大きくする。
- 波の規模に応じて、適度の空隙をもたせる。
- 消波工の断面は、中詰《なかづめ》石の上に数層の異形ブロックを並べることもあれば、全断面を異形ブロックで施工することもある。

異形ブロックを用いる場合の施工

- 異形コンクリートブロックを用いる場合の構造には、乱積みと層積みがある。
- ブロックの空隙率が 25 ～ 30%までは空隙率の増加に伴い消波効果が急増し、それ以上の空隙率の増加に伴う消波効果の増加は微弱である。
- 天端幅は、一般的にブロック 2 列以上とする。
- 異形ブロックの下部に捨石マウンドをする場合は、ブロック間隙からの吸い出し防止のため、ブロック重量の 1/10 ～ 1/25 程度の捨石を用いる。

■海岸防波堤

- 堤防前面勾配が１：１よりも緩いものを傾斜型、１：１よりも急な勾配のものを直立型という。

傾斜型	•基礎地盤が比較的軟弱な場合や、堤体土砂が容易に得られる場合に適する。 •捨石式の傾斜堤は、一般に波力の弱いところに用いられるが、やむを得ず波力の強い箇所に用いる場合には、法面をブロックで被覆することがある。 •傾斜堤は、直立堤に比べて施工時の波の影響を受けにくい。
直立型	•基礎地盤が比較的堅固な場合や、堤防用地が容易に得られない場合に適する。 •ケーソン式の直立堤は、荒天日数の多い場所では海上施工日数に著しい制限を受ける。 •ブロック式の直立堤は、施工が確実で容易で、施工設備も簡単であるなどの長所を有するが、各ブロック間の結合が十分でなく、ケーソン式に比べ一体性に欠ける。
混成型	•水深の大きい箇所や比較的軟弱な地盤にも適するが、施工法及び施工設備が多様となる。

■離岸堤

- 離岸堤は、侵食区間の上手側（漂《ひょう》砂《さ》供給源に近い側）から設置すると下手側の侵食傾向を増長させることになるので、原則として下手側から着手し、順次上手に施工する。
- 開口部や堤端部は、施工後の波浪によってかなり洗掘されることがあり、計画の１基分はなるべくまとめて施工する。
- 砕波帯付近に離岸堤を設置する場合は、沈下対策を講じる必要があり、従来の施工例からみればマット、シート類よりも捨石工が優れている。
- 汀線が後退しつつある区域に護岸と離岸堤を新設する場合は、なるべく護岸を施工する前に離岸堤を設置する。

プラスα　砕波帯

- 波が崩れ始める位置から汀線までの海域をいう。

Lesson 28 潜堤・人工リーフ・養浜

養　浜

粗雑な洋品の売り上げ
(粗い材料・養浜《ようひん》)

前に比べて急降下
(従前よりも急勾配)

養浜場所にある砂より粗い材料を用いた場合、
前浜の勾配は従前より急になる。

■潜堤・人工リーフの機能や特徴

- 捨石などの材料を用いた没水構造物で、波浪の静穏化、沿岸漂砂の制御機能を有する。
- 天端が海面下であり、構造物が見えないことから景観を損なわない。
- 離岸堤に比較して波の反射が小さく、堤体背後の堆砂機能は少ない。
- 天端水深、天端幅により堤体背後への透過波が変化し、小さな波浪はほとんど透過し、大きな波浪を選択的に減衰させる。

人工リーフの被覆工・中詰工

- 被覆工は、屈とう性を持たす必要があるため、一般には被覆材には十分な質量の自然石やコンクリートブロックが用いられる。
- 被覆工の厚さは、形状が不揃いな自然石あるいは丸みを帯びた自然石を使用する場合は、自然石の代表径の 2 ～ 3 倍の厚さとする。
- 被覆工に形状の整った自然石やコンクリートブロックを用いる場合には、被覆材をできるだけ並べずに自然に積まれているように施工する。

- 被覆工に平型ブロックを用いる場合には、空隙のある形状・構造のコンクリートブロックを用いる。
- 被覆工に空隙率の高い異形ブロックを用いる場合には、中詰工の法勾配は緩勾配とせずに、各異形ブロックが最も安定した形状となるように積む。
- 被覆工が大きな間隙を有する場合には、中詰工の表面付近には被覆工の間隙と同寸以上の中詰材の層を設け、中詰材が吸い出されないように施工する。
- 中詰工は、多くの場合砂質の海底地盤上に設置されるため、海底面となじみのよい 10 ～ 500kg/ 個程度の自然石を用いる。

■養浜の施工

- 養浜の施工方法は、養浜材の採取場所、運搬距離、社会的要因等を考慮して、最も効率的で周辺環境に影響を及ぼさない工法を選定する。
- 養浜の陸上施工においては、工事用車両の搬入路の確保や、投入する養浜砂の背後地への飛散等、周辺への影響について十分検討し慎重に施工する。
- 養浜の施工においては、陸上であらかじめ汚濁の発生源となるシルト、有機物、ごみ等を養浜材から取り除く等、適切な方法により汚濁の発生防止に努める。
- 浚渫《しゅんせつ》土砂などの混合粒径土砂を用いる場合や、シルト分による濁りの発生を抑えるためには、あらかじめ投入土砂の粒度組成を調整する。

養浜の材料

- 養浜の材料は、養浜場所に存在している砂に近い粒度組成を持つ材料を用いる。
- 養浜場所にある砂より大きい粒径の材料を用いた場合には、効率的に汀線を前進させることができ、汀線付近の保全効果が期待できるが、前浜の勾配は従前より急になる。
- 粒度組成が不均一な場合には、細かい粒径の土砂は沖へ流出し、粗い粒径の土砂はうちあげられてバームを形成するなどして、養浜断面は変化する。
- 粒度組成は、養浜箇所の生物の生息に影響を与えるとともに、流出した土砂によって周辺海域にも影響を与えることがある。

プラスα　人工リーフ

- 潜堤のうち、天端水深を深く、天端幅を広くしたものを人工リーフという。

Lesson 29

混成堤・ケーソンの施工

ケーソンの仮置き

ハローが吹き荒れる
（波浪）

とりあえずしずめて
（沈めて仮置き）

しずめて

ケーソンは、波浪や風などの影響でえい航直後の据付けが困難な場合には、波浪のない安定した時期まで沈設して仮置きする。

■港湾構造物の基礎捨石の施工

捨石用石材

- 捨石は、基礎として本体構造物の荷重を分散させて地盤に伝えるもので、使用する石の大きさは 5 ～ 500kg/ 個程度の範囲のものを用い、材質は堅硬・緻密・耐久的なものとする。
- 捨石用石材は、長さが幅の 3 倍以上の細長いもの、厚さが幅の 1/2 以下のうすっぺらなものを使用してはならない。

石材の投入区域の設定順序

①捨石法線の設定→②法肩線・法尻線の設定→③法肩・法尻の標識設置→④標識位置の確認測量

石材の捨込み

- 第 1 段階は、計画天端高さより 1.0 ～ 1.5m 程度低い断面を形成するように捨込み、第 2 段階は、音響測深機等により管理測量を行い、計画天端高さ等の遣形を設置してから行う。
- 標識をもとに中央部より順次周辺部に捨込みを行い、極度の凹凸がないように施工する。

捨石の均し

荒均《あらなら》し	• 法面など、上部構造物と直接接していない箇所において行う。 • 均し基準面に対し凸部と凹部の差があまり生じないように、石材の除去や補充をしながら均す作業で、面がほぼ揃うまで施工する。
本均《ほんなら》し	• 天端部など、上部構造物と直接接する箇所において行う。 • 均し定規を使用し、大きい石材で基礎表面を形成し、小さい石材を間詰めに使用して緩みのないようにかみ合わせて施工する。 • 本均しの精度は、本体構造物が直接接する面であることから平坦性を必要とし、一般には均し基準面に対し± 5cm である。

■ケーソンの施工

• ケーソンに大廻しワイヤを回して回航する場合には、原則として二重回しとし、その取付け位置はケーソンの吃水《きっすい》線以下で、できれば浮心《ふしん》付近の高さに取り付ける。

• ケーソンの曳航《えいこう》作業は、ほとんどの場合が据付け、中詰、ふたコンクリートなどの連続した作業工程となるため、気象、海象状況を十分に検討して実施する。

• 港外で長距離曳航をする場合は、天候の急変などが予想され、波浪などによる急激な張力の作用が想定されることから、曳航ロープは長めにする。

• ケーソンの据付けは、函体が基礎マウンド上に達する直前でいったん注水を中止し、最終的なケーソン引寄せを行い、据付け位置を確認、修正を行ったうえで一気に注水着底させる。

• ケーソン据付け時の注水方法は、気象、海象の変わりやすい海上の作業を手際よく進めるために、できる限り短時間で、かつ、各隔室に平均的に注水する。

ケーソンの製作・進水方式

吊り降し方式	• 吊り鉄筋の大きさと埋込み長さは、ケーソンの空中重量、ケーソンのふくらみによる付加重量及び底面付着力に耐えることが必要である。　注意 • 水中重量ではない！ • 既設護岸の背後などでケーソンを製作するため、計画時にケーソンの自重による既設護岸の安定などを確認しておく必要がある。
斜路（滑路）方式	• 奥側のケーソンの降下速度が大きくなり危険であるため、一度に製作する函数に制限がある。
浮ドック方式	• ケーソン進水時は適当な水深の場所に船体を引出し、船艙《せんそう》内に注水して船体を沈下させ、ケーソンを進水させることができる。 • 浮ドックの吃水に十分な水深がある静穏な係留場所が必要である。

Lesson 30

浚渫工事・鋼矢板式係船岸

深浅測量

新鮮さの鮮度を上げるには
（深浅測量・精度）

みそ串カツの幅を狭くして
（未測深幅）

音響測探機による深浅測量の測深精度は、未測深幅を狭くするほど高くなる。

■事前調査

- 浚渫《しゅんせつ》工事の施工方法を検討する場合には、海底土砂の性質が浚渫工事の工期、工費に大きく影響するため、事前調査を行う必要がある。
- 施工方法を検討するための土質調査では、海底土砂の硬さや強さ、その締まり具合や粒の粗さを把握する必要があるため、一般的に粒度分析、比重試験、標準貫入試験を実施する。
- 機雷等の危険物が残存すると推定される海域においては、浚渫に先立って工事区域の機雷等の探査を行い、浚渫工事の安全を確保する必要がある。
- 土厚が 4m 程度以上の浚渫を実施する場合は、磁気探査の有効探査厚が 4m 程度であるため、層別に磁気探査及び潜水探査を実施する必要がある。
- 浚渫区域が漁場に近い場合には、事前に漁場などの利用の実態、浚渫土質、潮流などを調査し、工法を検討する必要がある。

深浅測量	• 深浅測量の範囲は、必要区域より法部などを考慮したある程度外側までする必要があり、測線間隔は 5 ～ 30m とする。 • 音響測深機による深浅測量は、連続的な記録がとれる利点があり、測線間隔が小さく、未測深幅が狭いほど測深精度は高くなる。

水質調査	•水質調査の目的は、海水汚濁の原因が、バックグラウンド値か浚渫による濁りかを確認するために実施するもので、事前、浚渫中の調査が必要である。
潮流調査	•浚渫による汚濁水が潮流により拡散することが想定される場合や、狭水道における浚渫工事の場合に行う。
漂砂調査	•浚渫工事を行う現地の海底が緩い砂の場合や、近くに土砂を流下させる河川がある場合に行う。

■浚渫船の特徴

ポンプ浚渫船	•掘削後の水底面の凹凸が比較的大きいため、構造物の築造箇所ではなく、航路や泊地の浚渫に使用される。 •あまり固い地盤には適さないが、大量の浚渫や埋立《うめたて》に適する。
グラブ浚渫船	•適用される地盤は軟泥から岩盤までの範囲できわめて広く、浚渫深度の制限も少ない。 •中小規模の浚渫や、岸壁など構造物周辺の浚渫に適する。
ドラグサクション浚渫船	•浚渫土を船体の泥倉に積載し自航できることから機動性に優れ、主に船舶の往来が頻繁な航路などの維持浚渫に使用される。
ディッパー浚渫船	•硬質地盤の浚渫に適する。

■鋼矢板式係船岸の控え工の施工

•タイロッドの締付けは、均等な張力が加わるように締付け、最後の締付けはターンバックルまたは控え側のナットで行う。

•タイロッドが長過ぎたり不足したりする場合は、原則として新たに適合したタイロッドを使用する。

注意 •切断したり溶接したりするのではない！

•タイロッドに大きな曲げ応力が作用する場合は、リングジョイントの取付け位置は鋼矢板及び控え工にできるだけ近い位置に設ける。

•タイロッド軸と壁面が直角にならない場合は、取付け孔の位置やタイロッド両端の定着ナット部にテーパのついたワッシャーかくさび形の金物を使用して調整する。

Lesson 31

鉄道路床・路盤の施工（1）

路床面の仕上り精度

刀削麵《とうしょうめん》の仕上げは
（路床面の仕上り精度）

プラムにいちご
（± 15mm）

鉄道路床面の仕上り精度は、設計高さに対して± 15mm とする。

■鉄道路床の切土・素地《そじ》

- 路床とは、一般に列車荷重の影響が大きい施工基面から 3m までのうち、路盤を除いた部分をいう。
- 路床面の仕上り精度は、設計高さに対して± 15mm とし、有害な不陸ができないように、できる限り平坦に仕上げる。
- 路床表面は、排水工設置位置に向かって 3%程度の適切な勾配を設け、平滑に仕上げる。
- 路床の強度及び剛性の確認は、盛土上面の K30 値によって照査する。

■鉄道路盤の施工

- 路盤は、軌道に対して適当な弾性を与えるとともに、路床の軟弱化防止、路床への荷重の分散伝達、排水勾配を設けることによる道床内の速やかな排水などの機能を有する。
- 路盤には土路盤、強化路盤があり、いずれを用いるかは、線区の重要度、経済性、保守体制などを勘案して決定する。

土路盤	•良質な自然土またはクラッシャラン等の砕石類による単一層で構成する路盤であり、一般に強化路盤に比べて工事費が安価である。 **注意** •自然土とクラッシャランの複層ではない！
強化路盤	•アスファルトコンクリート、粒度調整材料などを使用しており、繰返し荷重に対する耐久性に優れている。

砕石路盤の施工

•構造物の取付け部や路肩《ろかた》付近での施工は、路盤材のまき出しや敷均しに十分注意し、転圧に小型機械を用いて入念に締め固める。

•砕石路盤の敷均しは、モーターグレーダ等または人力により行い、1層の仕上り厚さが150mm以下になるように敷き均す。

•敷き均した路盤材は、雨水などによる含水比の変化が生じないように、原則として敷き均した日のうちに3%程度の横断排水勾配をつけて平滑に締め固める。

•路盤表面の仕上り精度は、設計高さに対して±25mm以内を標準とし、有害な不陸がないようにできるだけ平坦に仕上げる。

強化路盤の施工

•粒度調整砕石を用いる強化路盤の締固めは、締固め機械を使用して路盤全幅を均等に締め固め、締固め密度は最大乾燥密度の95%以上となるよう行う。

•粒度調整砕石の締固めを仕上げた後は、速やかに、プライムコートを施工する。

•水硬性粒度調整高炉スラグ砕石を用いる強化路盤の締固めは、締固めに適した8～12%の含水比を確保して行う。

•強化路盤を切土地盤に施工する場合には、路床表面の泥化を防止するため、路床土が砂礫・砂等で細粒土が10%以下と少ない場合を除き、強化路盤の下に排水層を設ける。

■路盤材料の注意点

•路盤土には、液性限界及び塑性指数の大きい土は噴泥《ふんでい》しやすいので、使用しない。

•盛土材料が良質土で、路盤材料として適合した同一材料を路盤上に使用する場合でも、路盤の施工と盛土の施工は切り離して行う。

Lesson 32

鉄道路床・路盤の施工（2）

プライムコートの施工

漱石が水を吸わないように
（砕石・吸水防止）

イチ、ニで
（1 ～ 2L/m^2・

すばやくコーティング
速やかにプライムコート）

粒度調整砕石がコンクリートから吸水するのを防止するため、締固め後は速やかに 1 ～ 2L/m^2 のプライムコートを散布する。

■鉄道のコンクリート路盤の施工

- コンクリート路盤は、鉄筋コンクリート版と粒度調整砕石層で構成される。

鉄筋コンクリート版の役割	• 軌道から荷重を下部に伝達するとともに、大きな曲げ剛性により変位を抑制し、平坦な路盤面を確保すること。
粒度調整砕石層の役割	• 鉄筋コンクリート版を支持し、これから伝えられる荷重を分散して路床に伝達すること。

- 鉄筋コンクリート版に用いるセメントは、ポルトランドセメントを標準とし、使用する骨材の最大粒径は、版の断面形状及び施工性を考慮して、最大粒径25mm とする。
- 鉄筋コンクリート版の鉄筋は、コンクリートの打込みの際に移動しないように鉄筋相互を十分堅固に組み立てると同時に、スペーサーを介して型枠に接する状態となっていることを原則とする。
- コンクリート路盤相互の連結部となる伸縮目地は、列車荷重などによるせん断力の伝達を円滑に行い、目違いの生じない構造とする。

鉄筋コンクリート版標準断面（標準軌）の鉄筋径

橋梁との取付け部	• 上側鉄筋に D16 を用いる。
ボックスカルバート部	• 上側鉄筋に D22 を用いる。

粒度調整砕石の締固め

- ロードローラまたは振動ローラなどにタイヤローラを併用し、所定の密度が得られるまで十分に締め固める。
- 構造物との取付け部及び路肩部の締固めは、小型転圧機械などにより特に入念に締め固める。
- 粒度調整砕石層の仕上り厚さは、最小値を 15cm とする。
- 締固めが完了した後は、速やかにプライムコートを施工する。
- プライムコートは、一般に 1 ～ 2L/m^2 を標準に散布する。

コンクリートの施工

- コンクリートの打設は、横流しを避け、傾斜部にコンクリートを打設する場合は、低いほうから高いほうへ均等厚に打ち込む。
- コンクリート打設後の養生は、硬化に必要な温度及び湿度を一定期間保ち、露出面は養生マットで覆うか、または散水、湛水を行い、湿潤状態を保つ。

鉄筋コンクリート路盤の寸法

幅	• 狭軌では 2.6m
最大長さ	• 標準 60cm

排水層の設置

- 切土及び素地のコンクリート路盤の場合は、粒度調整砕石層の下に 150mm の排水層を設ける。
- 路床が盛土の場合は、排水層を設けなくてよい。

プラスα　鉄道路盤改良における噴泥対策工

- 噴泥は、大別して路盤噴泥と道床噴泥に分けられ、路盤噴泥は地表水または地下水により軟化した路盤の土が、道床の間隙を上昇するものである。
- 道床噴泥の発生を防止するには、その発生の誘因となる水、路盤土、荷重の三要素のすべてを除去しなければならない。

Lesson 33

鉄道軌道の維持管理

カント

カーンと打った！
（カント）

外野に高く
（外側を高く）

カントは、車両が曲線通過時に遠心力により外方に転倒するのを防止するため、外側のレールを高くすることである。

■バラスト軌道

- バラスト軌道は、日常的な保守が必要であるが、地盤沈下などが生じても軌道整備で補修できるメリットがある。

道床バラスト

- 吸水率が小さく、強固でじん性に富み、摩損に耐え、適当な粒形と粒度を持つ材料を用いる。
- 列車通過のたびに繰返しこすれ合うことにより、次第に丸みを帯び、軌道に変位が生じやすくなるため、丸みを帯びたバラストは順次交換する。

■軌道狂い（軌道変位）

- 軌道狂いは、軌道が列車荷重の繰返し荷重を受けて次第に変形し、車両走行面の不整が生ずるものであり、在来線では軌間、水準、高低、通り、平面性、複合の種類がある。
- 軌道変位の許容値は、通過列車の速度、頻度、重量などの線区状況のほか、軌道変位の検測頻度、軌道整正の実施までに必要な時間などの保守体制を勘案して決定する必要がある。
- 軌間整正の基準値は、直線区間では左側を原則とし、曲線区間では外軌側とする。
- 軌道狂いを整正する作業として、有道床軌道において最も多く用いられる作業は、マルチプルタイタンパによる道床つき固め作業である。
- 車両動揺は、ある範囲の波長の軌道狂いに敏感であるが、列車速度が高くなるに従って、より長い波長の軌道狂いを管理することが重要である。

■スラブ軌道

- スラブ軌道は、プレキャストコンクリートスラブを高架橋等の堅固な路盤に据え付け、スラブと路盤との間に充填材を注入したものであり、保守作業の軽減を図ることができる。
- 軌道スラブと路盤コンクリートの空隙に注入されるてん充材には、セメントアスファルトモルタルが使用される。

注意 • セメントモルタルではない！

■レールの維持管理

- 直線区間ではレールの頭部が、また、曲線区間では外側のレールの頭部が顕著に摩耗する。
- レール継目の遊間《ゆうかん》は、レール温度変化に伴う伸縮を容易にするため設けられており、レールが最低レール温度に達した時に継目ボルトに過大な力がかからないことなどを考慮して設定する。
- 遊間の整正はレールの伸縮が著しい夏季及び冬季に先立ち行うのが適当である。
- レール交換は、施工に先立ち、新レールは建築限界を支障しないよう、レール受け台に配列し、仮止めをしておく。
- ロングレール敷設区間では、夏季の高温時でのレール張出し、冬季の低温時でのレールの曲線内方への移動防止などのため保守作業が制限されている。
- 脱線防止レール及び脱線防止ガードは、危険の大きな側に対する反対側のレールに設けることとし、本線レールと同じ高さまたはそれより高いものとする。

Lesson 34

営業線近接工事

保安対策

銃器の扱い
（重機械作業）

列車が来たら一時中止
（列車接近時は一時中止）

営業線に近接した重機械による作業は、
列車の近接から通過の完了まで作業を一時中止する。

■保安対策

- 工事着手前に、保安確認書、保安関係者届の２つの書類を監督員等に提出しなければならない。
- 埋設物等が支障となるおそれのある工事は、あらかじめ監督員等に立会を要請し、工事に埋設物等の支障がないことを確認のうえ施工する。
- 既設構造物などに影響を与えるおそれのある工事の施工にあたっては、異常の有無を検測しこれを監督員等に報告する。
- 架空線または地下埋設物に異常を認めた場合は、直ちに施工を中止し、列車防護及び旅客公衆等の安全確保の手配をとり、関係箇所へ連絡する。
- 列車の振動、風圧などによって、不安定、危険な状態になるおそれのある工事、または乗務員に不安を与えるおそれのある工事は、列車の接近時から通過するまでの間、一時施工を中止する。
- 事故発生または発生のおそれのある場合は、直ちに列車防護の手配をとり、併発事故または事故を未然に防止する。

工事用通路

- 踏切と同種の設備を備えた工事用通路には、工事用しゃ断機、列車防護装置、列車接近警報機を備えておく。

- 工事専用踏切に工事用しゃ断機、列車防護装置、列車接近警報機及び踏切支障検知装置等を設置した場合は、その性能、機能及び使用方法ならびに点検方法を、指定された工事管理者に周知徹底させる。
- 工事管理者は、工事専用踏切、工事用仮通路を使用しない場合は、工事用しゃ断機を鎖錠し、鍵を保管する。

重機械を使用する作業

- 建設用大型機械を建築限界内に進入させる際、同時に載線する建設用大型機械の台数に応じて、個別の建設用大型機械ごとに誘導員を配置する。
- ブームに過旋回などの防止措置を施し、き電線から 2m 以内に接近しないようにする。
- ストッパー機能を有していない工事用重機をやむを得ず架空電線に接近して使用する場合は、架空電線監視人を配置する。

■工事管理体制

工事管理者	• 当日の保守用車の足取り、作業・移動区間、防護措置、重量物等の仮置き場などを図示し、監督員へ提出する。
線閉責任者	• 線路閉鎖、保守用車使用の手続きを行う。 • 作業時間帯設定区間内の線路閉鎖工事が作業時間帯に終了できないと判断した場合は施設指令員にその旨を連絡し、その指示を受ける。 • 作業員が概ね 10 人以下で、かつ、作業範囲が 50m 程度の線路閉鎖時の作業については、線閉責任者が作業等の責任者を兼務することができる。
停電責任者	• 線路閉鎖工事等の手続きにあたって、き電停止を行う。

■列車見張員

- 作業などの責任者及び従事員に対して列車接近の合図が可能な範囲内で、安全が確保できる離れた場所に配置する。
- 列車見通し距離が確保できない場合には、確保できるよう複数名を配置する。
- 列車見張員を増員するときは、1 人の列車見張員が掌握できる範囲を前後 50m 程度とし、列車見張員相互が携帯無線機等で連絡が取れる体制とする。
- ホーム端から 1m 以上内側のホーム上の作業などで、当該線を支障するおそれのない作業などを行うときは、列車見張員などの配置を省略することができる。

Lesson 35 シールド工法

土圧の大きさ

正視に耐えない
（静止土圧）

亭主の働き
（主働土圧）

主働土圧は、静止土圧より小さい。

■土圧式シールド工法

- 土圧式シールド工法において切羽の安定をはかるためには、泥土圧の管理及び泥土の塑性流動性管理と排土量管理を慎重に行う。

注意・いずれかを行えばよいのではない！

- 粘着力が大きい硬質粘性土を掘削する際は、掘削土砂に適切な添加材を注入し、カッターチャンバー内やカッターヘッドへの掘削土砂の付着を防止する。

注意・水を注入するのではない！

- 砂層、礫層からなる土層の掘削土砂は、流動性が乏しく透水性が高いため止水性の確保が必要となるので、添加材を注入して塑性流動性を高める。
- 排土量管理の容積管理方法としては、掘削土砂運搬車台数の検収による方法や、スクリューコンベヤ回転数、圧送ポンプ回転数からの推定方法が一般的である。

■泥水式シールド工法

- 泥水式シールド工法において切羽の安定をはかるためには、泥水品質の調整及び泥水圧と掘削土量管理を慎重に行わなければならない。
- 泥水処理設備は、流体輸送設備から運ばれた排泥水の土砂分と水分を分離するとともに、切羽に再循環する送泥水の性状を調節する機能も備えている。

- 送排泥管設備の送泥管と排泥管の管径は、シールド外径、土質及び計画推進速度などに応じて設定され、一般に送泥管径は排泥管径より大きくする。
- 掘削時の掘削土量管理は、送泥管及び排泥管に設置した流量計と密度計から得られるデータより偏差流量と掘削乾砂量を求め、地山の掘削土量の取込み量を調節して管理する。
- 掘進速度の管理は、泥水圧の調整や掘削土量の計測を行い、掘削土量の取り込みすぎに注意して、カッタートルク、推力を調整して管理する。

泥水圧の管理圧力

上限値	静止土圧 ＋ 水圧 ＋ 変動圧
下限値	主働土圧 ＋ 水圧 ＋ 変動圧

■セグメント

- 掘進完了後、シールドジャッキの引き戻しを必要最小限で行い、セグメントをリング状に組み立てる。
- エレクタとスライドジャッキを使用して左右両側に交互に組み立て、最後に上部のセグメントを挿入する。

鉄筋コンクリート製セグメントとの比較

鋼製セグメント	• 施工の影響により変形しやすい。
合成セグメント	• セグメント高さを低減できる。

■シールド掘進に伴う地盤変位の原因と対策

- シールド掘進にともなう地盤変位は、切羽に作用する土水圧の不均衡やテールボイドの発生、裏込め注入の過不足などが原因で発生する。
- 土圧式シールドや泥水式シールドでは、切羽土圧や水圧に対してチャンバー圧が小さい場合には地盤沈下、大きい場合には地盤隆起を生じる。
- シールド掘進中の蛇行は、地山を緩める原因となるので、ローリングやピッチングなどを少なくして蛇行を防止する。
- 漏水は地盤沈下の原因となるため、セグメントの組立てと防水工は入念に行い、セグメントの継手、裏込め注入孔からの漏水を防止する。

Lesson 36 鋼構造物の塗装・防食

塗装間隔

お風呂に入る間隔が短すぎると
しわになりやすく
（しわが生じやすい）

間隔が長すぎると
皮膚がはがれやすい
（層間剥離が生じやすい）

塗装間隔が短いとしわが生じやすく、塗装間隔が長いと層間剥離が生じやすい。

■鋼構造物塗装の塗重ね

- 塗装を塗り重ねる場合の塗装間隔は、付着性を良くし良好な塗膜を得るために重要な要素であり、塗料ごとに定められている。
- 塗重ね間隔が長い場合は、下層塗膜の乾燥硬化が進み、上に塗り重ねる塗料との密着性が低下し、後日塗膜間で層間剥離が生じやすくなる。
- 塗料の乾燥が不十分なうちに次層の塗料を塗り重ねると、上層塗膜にあわや膨れが生じることがある。
- 下層の未乾燥塗膜は、塗装間隔が短いと、塗り重ねた塗料の溶剤によって膨潤し、しわが生じやすくなる。

■鋼橋の防食

電気防食	• 鋼材に電流を流して表面の電位差をなくし、腐食電流の回路を形成させない方法であり、流電陽極方式と外部電源方式がある。 • 腐食環境下に設置した電極から鋼材に直流電流を通電することにより、腐食電位より低い電位とし、腐食を抑制する。

溶融亜鉛めっき	•溶融亜鉛めっき面の補修塗装において、亜鉛が消耗して鋼材が腐食し始めた場合にはめっきで補修する。 •一旦損傷を生じると部分的に再めっきを行うことが困難であるため、損傷部を塗装するなど、溶融亜鉛めっき以外の防食法で補修する。
金属溶射	•鋼材表面に形成した溶射被膜が腐食の原因となる酸素と水や、塩類などの腐食を促進する物質を遮断し鋼材を保護する。 •金属溶射の施工にあたっては、温度や湿度などの施工環境条件の制限があるとともに、下地処理と粗面処理の品質確保が重要である。
塗装	•鋼材表面に形成した塗膜が腐食の原因となる酸素と水や、塩類などの腐食を促進する物質を遮断し鋼材を保護する。
耐候性鋼	•腐食速度を低下できる合金元素を添加した低合金鋼であり、鋼材表面に生成される緻密な錆層によって腐食の原因となる酸素や水から鋼材を保護する。 •補修塗装する場合は、鋼材面に生成された保護性錆を除去し、一般的には有機ジンクリッチペイントなどを用いて塗装を行う。

■鋼橋の塗膜劣化

はがれ	•塗膜と鋼材面、または塗膜と塗膜間の付着力が低下したときに生じ、結露の生じやすい下フランジ下面等に多く見られる。
ながれ	•塗料がたれ下がった状態になる現象であり、塗料の希釈し過ぎか、厚く塗り過ぎか、塗料粘度が不適切であることが原因である。
膨《ふく》れ	•塗膜の層間や鋼材面と塗膜の間に発生する気体または液体による圧力が、塗膜の付着力や凝集力より大きくなった場合に発生するもので、高湿度条件等で生じやすい。
ちぢみ	•塗膜にしわができた状態になる現象であり、下塗りが未乾燥か、厚塗りで表面が上乾きしていることが原因である。
白化（ブラッシング）	•表面が荒れて、白くボケてツヤがない現象であり、塗膜の溶剤が急激に揮発したか、乾燥しないうちに結露したことが原因である。
クラッキング	•塗膜の内部深く、または鋼材面まで達する割れを指し、目視で容易に確認ができるものである。
チェッキング	•塗膜の表面に生じる比較的軽度な割れで、塗膜内部のひずみによって生じ、目視でやっとわかる程度のものである。
チョーキング	•塗膜の表面が粉化して次第に消耗していくもので、紫外線などによって塗膜表面が分解して生じ、耐久性が低下するものである。

Lesson 37

上水道の管布設工

配水管の埋設深さ

どか降りの雪を
（土《ど》被《かぶ》り）

一点にためとる
（1.2m）

道路に配水管を埋設する場合の土被りは、
やむを得ない場合を除き、1.2m 超とする。

■上水道の配水管の埋設位置及び深さ

- 道路に管を布設する場合には、配水本管は道路の中央寄りに布設し、配水支管はなるべく道路の片側寄りに布設する。
- 配水管の本線を道路に埋設する場合、その頂部と路面との距離（土被り）は、1.2m（工事実施上やむを得ない場合にあっては、0.6m）を超えていることとする。
- 配水管を他の地下埋設物と交差、または近接して布設するときは、少なくとも 0.3m 以上の間隔を保つ。

■上水道の管布設工

- 既設管との連絡工事箇所（接続工事箇所）では、人力により試掘調査を行い、既設管の位置、管種、管径など及び他の埋設物の確認を行う。
- 床付け及び接合部の掘削は、配管及び接合作業が完全にできるよう所定の形状に仕上げ、えぐり掘りは行ってはならない。

- 床付面に岩石、コンクリート塊などの支障物が出た場合は、床付面より 10cm 以上取り除き、砂などに置き換える。
- 鋼管の切断は、切断線を中心に、幅 30cm の範囲の塗覆装を剥離し、切断線を表示して行う。
- 不断水連絡工の割 T 字管の取付けは、原則として水平とし、穿孔《せんこう》管径 200mm 以上は、割 T 字管に仮仕切弁を取り付けて穿孔作業を行う。
- 制水弁や消火栓など付属設備の相互間は、原則として 1m 以上離れるように設置位置を選定する。
- 埋戻しは、片埋めにならないように注意し、厚さ 30cm 以下に敷均しを行い、現地盤と同程度以上の密度となるように締固めを行う。

■軟弱地盤での上水道管布設

- 水管橋またはバルブ室など構造物の取付け部には、不同沈下にともなう応力集中が生じるので、伸縮可とう性の大きい伸縮継手を使用する。
- 軟弱層が浅い地盤に管を布設する場合は、管の重量、管内水重、埋戻し土圧などを考慮して、沈下量を推定した上、施工する。
- 軟弱層が深い地盤に管を布設する場合は、薬液注入工法、サンドドレーン工法などにより地盤改良を行うことが必要である。

■上水道管の更新・更生

既設管内挿入工法	• 既設管をさや管として使用し新管を布設するもので、立坑部、付属設備及び給水栓のための部分的な開削を除けば、地表面を掘削することなく施工できる。
既設管内巻込工法	• 管を巻き込んで引込み作業後に拡管を行うので、更新管路は既設管に近い管径を確保することができ、曲がりに対しても対応しやすい。
被覆材管内装着工法	• 接着剤を塗布した薄肉状の管を引き込み、空気圧などで管内面に圧着させてから加熱してライニング層を形成する工法であり、管路の動きに対する追随性があり、曲線部の施工が容易である。
合成樹脂管挿入工法	• やや管径の小さい合成樹脂管を挿入する工法であり、管路の補強がはかられ、管内面は平滑であるため流速係数が大きく、耐摩耗性もよい。

Lesson 38

下水道管渠・管路施設

下水道管渠の基礎工

まくら木で作った
（まくら木基礎）

はしごを　鳥居にかける
（はしご胴木基礎）（鳥居基礎）

地盤がやや軟弱な場合にはまくら木基礎、地盤が軟弱な場合や、地質・上載荷重が不均等な場合にははしご胴木基礎、極めて軟弱な地盤でほとんど地耐力が期待できない場合には鳥居基礎が用いられる。

■下水道管渠《かんきょ》の接合

- 地表勾配が急な場合には、管渠径の変化の有無にかかわらず、原則として地表勾配に応じ、段差接合または階段接合とする。
- 管渠径が変化する場合または２本の管渠が合流する場合には、原則として水面接合または管頂接合とする。
- 管渠が合流する場合には、流水について十分検討し、マンホールの形状及び設置箇所、マンホール内のインバートなどで対処する。

水面接合	• 計画水位を一致させて接合する方法。
管頂接合	• 流水が円滑となり、管渠の埋設深さが増して建設費が大きくなる。
管底接合	• 掘削深さが減じて建設費が小さくなり、特にポンプ排水の場合は有利となる。
段差接合	• 地表勾配に応じて適当な間隔にマンホールを設け、１箇所当たりの段差は 1.5m 以内とする。
階段接合	• 通常、大口径管渠に設け、階段の高さは１段当たり 0.3m 以内とする。

■下水道管渠の更生工法

製管工法	• 既設管渠内に硬質塩化ビニル材等をかん合して製管し、既設管渠との間隙にモルタル等の充填材を注入することで管を構築する。
さや管工法	• 既設管渠よりも小さな管径で製作された管渠（新管）を牽引《けんいん》挿入し、間隙に充填材を注入することで管を構築する。
形成工法	• 熱硬化性樹脂を含浸させた材料や熱可塑性樹脂で形成した材料をマンホールに引込み、加圧し、拡張・圧着後、硬化や冷却固化することで管を構築する。
反転工法	• 熱硬化性樹脂を含浸させた材料を既設のマンホールから既設管渠内に反転加圧させながら挿入し、既設管渠内で加圧状態のまま樹脂が硬化することで管を構築する。

■剛性管渠の基礎の種類

砂・砕石基礎	• 砂または細かい砕石などを管渠外周部にまんべんなく密着するように締め固めて管渠を支持するもので、設置地盤が硬質土地盤の場合に採用する。
コンクリート・ 鉄筋コンクリート基礎	• 管渠の底部をコンクリートで巻き立てるもので、地盤が軟弱な場合や管渠に働く外圧が大きい場合に採用する。
まくら木基礎	• 地盤がやや軟弱で、管渠の勾配を正確に保持する場合に採用する。
はしご胴木基礎	• まくら木の下部に管渠と平行に縦木を設置してはしご状に作るもので、地盤が軟弱な場合や、土質や上載荷重が不均質な場合などに採用する。
鳥居基礎	• はしご胴木の下部を杭で支える構造で、極軟弱地盤でほとんど地耐力を期待できない場合に採用する。

■下水道マンホール

- マンホールが深くなる場合には、維持管理上の安全面を考慮して、3～5m ごとに踊り場として中間スラブを設ける。
- マンホール部での水理損失を考慮して、上流管渠と下流管渠との最小段差を 2cm 程度設ける。
- 副管は、上流管渠と下流管渠の段差が 0.6m 以上の場合に設ける。

Lesson 39

小口径管推進工法の施工

オーガ方式

王が仕組んだ年貢制度に
（オーガ方式）　　　（粘性土地盤）

抵抗が急増
（先端抵抗力）

オーガ方式は、粘性土地盤では推進中に先端抵抗力が急増する場合がある。

■推進管の種類による推進方式

高耐荷力方式	・鉄筋コンクリート管、ダクタイル鋳鉄《ちゅうてつ》管などを用いて、推進管に直接推進力をかけて推進する。
低耐荷力方式	・硬質塩化ビニル管などを用い、先導体の推進に必要な推進力の先端抵抗を推進力伝達ロッドに作用させ、管には周面抵抗力のみを負担させ推進する。 ・推進中は管にかかる荷重を常に計測し、管の許容推進耐荷力以下であることを確認しながら推進する。
鋼製さや管方式	・鋼製管に直接推進力を伝達して推進し、これをさや管として、管内に硬質塩化ビニル管などの本管を布設する。

■掘削・排土方式

圧入方式	・排土しないで土を推進管周囲へ圧密させて推進するため、推進路線に近接する既設建造物に対する影響にも注意する。 ・砂質土地盤ではカッタの回転を止めたときにスリットより土砂が流入する場合があるので、スリットの開口率を調整する必要がある。

オーガ方式	• 粘性土地盤では推進中に先端抵抗力が急増する場合があるので、注水により切羽部の土を軟弱にする等の対策が必要である。
泥水方式	• 透水性の高い緩い地盤では泥水圧が有効に切羽に作用しない場合があるので、送泥水の比重・粘性を高くし、状況によっては逸泥《いつでい》防止材を使用する。
泥土圧方式	• 推進管の先端に泥土圧式先導体を装着し、添加材注入と止水バルブの採用により、切羽の安定を保ちながらカッタの回転により掘削する。
ボーリング方式	• 先導体前面が開放しているので、地下水位以下の砂質土地盤に対しては、補助工法により地盤の安定処理を行った上で適用する。

■小口径管推進工法の施工

- 推進作業は、時間をおくことにより管に対する周囲からの締めつけ力が急増することがあるため、推進の途中で中断せずに一気に到達させる。
- 推進中に推進管に破損が生じた場合は、推進施工が可能な場合には十分な滑材注入などにより推進力の低減をはかり、推進完了後に損傷部分の補修を行う。
- 滑材注入による推進力の低減をはかる場合は、滑材《かつざい》吐《と》出口《しゅつこう》の位置は先導体後部及び発進坑口止水器部に限定されるので、推進開始から推進力の推移をみながら厳密に管理をする。
- 土質の不均質な互層地盤では、推進管は軟らかい土質の方へ変位するため、薬液注入工法等、補助工法による対策や掘削機の引抜き再掘進等の対策を行う。
- 地盤の変状を発生させないためには、切羽土砂を適正に取り込むことが必要であり、掘削土量と排土量、泥水管理に注意し、推進と滑材注入を同時に行う。
- 小型立坑での鏡切りは、切羽部の地盤が不安定であると重大事故につながるため、地山や湧水の状態、補助工法の効果などの確認は慎重に行う。

プラスα　レーザトランシット方式

- 推進管理測量として行うレーザトランシット方式は、発進立坑に据え付けたレーザトランシットから先導体内のターゲットにレーザ光を照射する方式である。

Lesson 40

薬液注入工事

水ガラス系薬液

さっさと浸みるように
(砂質土　浸透注入　溶液型)

念のためカツレツを剣で砕く
(粘性土　割裂《かつれつ》注入　懸濁《けんだく》液型)

砂質土には、溶液型の注入材を浸透注入させ、
粘性土には、懸濁液型の注入材を割裂注入させる。

■施工にあたり配慮すべき事項

注入材の配合	• 施工計画の作成においては、一般に水ガラスは数値を固定して記述し、硬化材についてはある幅を持たせて記述する。
注入圧力	• 地盤の硬軟や土被り、地下水条件などにより異なるため、計画時には目標値としての値を示し、試験工事や周辺での施工実績、現場での初期の値などを参考に決定していく。
注入速度	• 現場における限界注入速度試験結果と施工実績とを参考として、設計時に設定した注入速度を見直す。
注入孔の間隔	• 1.0m で複列配置を原則とし、改良範囲の形状は複雑で部分的には孔間隔に多少の差は生じるが、できるだけ原則に近い配置とする。
ステップ長	• 注入管軸方向での注入間隔であり、工法にかかわらず 25 ～ 50cm の範囲を標準とする。

■注入材の選定

• 砂質土の止水を目的とする場合は、通常、浸透性に優れた溶液型を用いるが、砂礫で細粒分が少ない場合は、懸濁液型の注入材を用いることも可能である。

- 砂質土の地盤強化を目的とする場合は、地盤の全体的強化が期待できるよう、浸透性に優れた溶液型の注入材を用いる。
- 粘性土の割れ目や土層の境界からの漏水防止を目的とする場合は、懸濁液型の注入材が有効な場合が多い。
- 礫や玉石層などでは、最初に安価で強度のある懸濁液型を使用して粗詰めし、その後礫や砂の間隙に溶液型の浸透注入を行う２段階の注入が必要となる。

■薬液注入の施工

- 適正な配合とするために、ゲルタイムを原則として作業開始前、午前、午後の各１回以上測定する。 注意 • 作業中に測定するのではない！
- 注入箇所から 10m 以内に複数の地下水監視のための井戸を設置して、注入中のみならず注入後も一定期間、地下水を監視する。
- 地下水監視のための採水回数は、工事着手前に１回、工事中は毎日１回以上とし、工事終了後も定められた期間、所定の回数を採水し測定する。
- 注入速度を一定のままで圧力が急上昇または急低下する場合は、直ちに注入を中止し、監督職員と協議のうえ適切に対応する。
- 構造物などに近接して行う場合の注入順序は、構造物の近くから遠くへ注入を進める。
- 構造物などに近接して行う場合の注入材は、ゲルタイムを長くし、注入速度を遅くして施工する。
- 25m 以上の大深度の削孔では、ダブルパッカー工法のパーカッションドリルによる削孔よりも、二重管ストレーナー工法（複相型）の方が削孔の精度は低い。

■注入効果の確認方法

- 注入箇所の強度は、標準貫入試験により注入前後の N 値を求め、その差により効果を確認する。
- 砂地盤の強度の増加を三軸圧縮試験により確認する場合は、内部摩擦角は変化しないため、地盤の粘着力の値の変化で判断する。
- 薬液の浸透状況は、注入範囲を掘削し、注入材（アルカリ系薬液）に反応する試薬（フェノールフタレイン液）を用いて、その着色状況を目視で確認する。
- 透水性に関する注入効果は、注入範囲のうち何箇所かの深度で試験を行い、それぞれの地点で透水係数値が小さくなっていることで確認する。

Lesson 01

労働基準法（1）

労働時間と休憩時間

記録を超えたら
（6時間を超える）

祝杯はしご
（45分）

やけっぱちなら1軒だけ
（8時間）（1時間）

使用者は、労働時間が6時間を超える場合は少なくとも45分、8時間を超える場合は少なくとも1時間の休憩時間を与えなければならない。

■労働契約

- 労働契約は、期間の定めのないものを除き、一定の事業の完了に必要な期間を定めるもののほかは、3年を超える期間について締結してはならない。
- 使用者は、労働契約の締結に際し、労働者に対して賃金、労働時間その他の労働条件を明示しなければならない。
- 使用者は、労働契約の不履行について違約金を定め、または損害賠償額を予定する契約をしてはならない。
- 使用者は、前借金その他労働することを条件とする前貸の債権と賃金を相殺《そうさい》してはならない。
- 使用者は、労働者が業務上負傷し、または疾病《しっぺい》にかかり療養のために休業する期間及びその後30日間は、原則として、解雇してはならない。
- 使用者は、労働者を解雇しようとする場合において、30日前に予告をしない場合は、30日分以上の平均賃金を原則として、支払わなければならない。
- 労働者が、退職の場合において、使用期間、業務の種類、賃金などについて証明書を請求した場合は、使用者は遅滞なくこれを交付しなければならない。
- 使用者は、労働者の死亡または退職の場合において、権利者の請求があった場合においては、7日以内に賃金を支払い、労働者の権利に属する金品を返還しなければならない。

■賃金

- 賃金は、毎月１回以上、一定の期日を定めて支払わなければならない。
- 使用者は、労働者が出産、疾病など非常の場合の費用に充てるために請求する場合においては、支払期日前であっても、既往の労働に対する賃金を支払わなければならない。
- 使用者の責に帰すべき事由による休業の場合においては、使用者は、休業期間中当該労働者に、その平均賃金の 100 分の 60 以上の手当を支払わなければならない。
- 出来高払《できだかばらい》制その他の請負《うけおい》制で使用する労働者については、使用者は、労働時間に応じ一定額の賃金の保障をしなければならない。

■労働時間・休憩・休日・有給休暇

- 使用者は、原則として、休憩時間を除き１週間について 40 時間、１日について 8 時間を超えて労働させてはならない。
- 災害その他避けることのできない事由によって、臨時の必要がある場合においては、使用者は、行政官庁の許可を受けて、その必要の限度において労働時間を延長し、または休日に労働させることができる。
- 使用者は、労働時間が 6 時間を超える場合においては少なくとも 45 分、8 時間を超える場合においては少なくとも１時間の休憩時間を労働時間の途中に与えなければならない。
- 使用者は、労働者に対して、毎週少なくとも１回の休日を与えるか、または 4 週間を通じ 4 日以上の休日を与えなければならない。
- 使用者は、労働者の過半数で組織する労働組合または労働者の過半数を代表する者と書面による協定をし、これを行政官庁に届け出た場合においては、その協定の定めによって労働時間を延長し、または休日に労働させることができる。
- 使用者は、上記書面による協定を定める場合でも、1 箇月に 100 時間以上、労働時間を延長し、または休日に労働させてはならない。
- 坑内労働における労働時間の延長は、1 日について 2 時間を超えてはならない。
- 使用者は、原則として午後 10 時から午前 5 時までの間において労働させた場合においては、その時間の労働については、通常の労働時間の賃金の計算額の 2 割 5 分以上の率で計算した割増賃金を支払わなければならない。
- 使用者は、その雇入れの日から起算して 6 箇月間継続勤務し、全労働日の 8 割以上出勤した労働者に対して、原則として、継続し、または分割した 10 労働日の有給休暇を与えなければならない。

プラスα　平均賃金

- これを算定すべき事由の発生した日以前 3 箇月間にその労働者に対し支払われた賃金の総額を、その期間の総日数で除した金額をいう。

Lesson 02

労働基準法（2）

重量物を取り扱う業務

色気が嫌味な男の限度
（満16歳以上満18歳未満）

ダンディなら30歳
（断続作業・30kg）

軽薄なら20歳
（継続作業・20kg）

使用者は、満16歳以上満18歳未満の男性を、断続作業の場合は30kg以上、継続作業の場合は20kg以上の重量物を取り扱う業務に就かせてはならない。

■就労制限

- 使用者は、児童が満15歳に達した日以後の最初の3月31日が終了するまで、これを使用してはならない。
- 使用者は、満16歳以上の男性を交替制によって使用する場合を除き、満18歳に満たない者を午後10時から午前5時までの間において使用してはならない。
- 使用者は、満18歳に満たない者を坑内で労働させてはならない。
- 使用者は、妊娠中の女性及び産後1年を経過しない女性が請求した場合は、時間外労働、休日労働、深夜業をさせてはならない。
- 使用者は、満16歳以上満18歳未満の男性を30kg以上の重量物を断続的に取り扱う業務に就かせてはならない。
- 使用者は、満18歳以上の妊娠中の女性及び産後1年を経過しない女性を30kg以上の重量物を断続的に取り扱う業務に就かせてはならない。

満18歳未満の者を就かせてはならない主な業務

- クレーン、デリック、揚貨装置の玉掛けの業務（2人以上で行う補助作業を除く）
- 動力により駆動される土木建築用機械の運転
- 土砂が崩壊するおそれのある場所、または深さ5m以上の地穴における業務
- 高さが5m以上の場所で、墜落により労働者が危害を受けるおそれのあるところにおける業務

- 足場の組立、解体または変更の業務（地上、床上での補助作業を除く）
- さく岩機、鋲打機等身体に著しい振動を与える機械器具を用いて行う業務

注意　• さく岩機、鋲打機等身体に著しい振動を与える機械器具を用いて行う業務は、妊娠中の女性及び産後１年を経過しない女性も就かせてはならない！

■災害補償

療養補償	• 労働者が業務上負傷し、または疾病にかかった場合においては、使用者は、その費用で必要な療養を行い、または必要な療養の費用を負担しなければならない。
休業補償	• 労働者が業務上負傷し、または疾病にかかり、療養のため、労働することができないために賃金を受けない場合においては、使用者は、労働者の療養中平均賃金の 100 分の 60 の休業補償を行わなければならない。
障害補償	• 労働者が業務上負傷し、または疾病にかかり、治った場合において、その身体に障害が存するときは、使用者は、その障害の程度に応じて、平均賃金に定められた日数を乗じて得た金額の障害補償を行わなければならない。

- 労働者が重大な過失によって業務上負傷し、または疾病にかかり、かつ使用者がその過失について行政官庁の認定を受けた場合においては、休業補償または障害補償を行わなくてもよい。
- 療養補償を受ける労働者が、療養開始後３年を経過しても負傷が治らない場合においては、使用者は、平均賃金の 1,200 日分の打切補償を行い、その後はこの法律の規定による補償を行わなくてもよい。
- 補償を受ける権利は、労働者の退職によって変更されることはなく、また、これを譲渡し、または差し押えてはならない。

■就業規則

- 常時 10 人以上の労働者を使用する使用者は、就業規則を作成し、行政官庁に届け出なければならない。
- 使用者は、原則として労働者と合意することなく、就業規則を変更することにより、労働者の不利益に労働契約の内容である労働条件を変更することはできない。
- 就業規則で定める基準に達しない労働条件を定める労働契約は、その部分については、無効となる。

Lesson 03

労働安全衛生法（1）

作業場所の巡視

マイ作業着は
（毎作業日）

洗濯重視
（巡視）

最低1日1回
（1回以上）

特定元方《もとかた》事業者の作業場所の巡視は、毎作業日に1回以上行う。

■特定元方事業者の労働災害防止措置

協議組織の設置及び運営
- 特定元方事業者及びすべての関係請負人が参加する協議組織を設置し、その会議を定期的に開催する。

作業間の連絡及び調整
- 随時、特定元方事業者と関係請負人との間及び関係請負人相互間における連絡及び調整を行う。

作業場所の巡視
- 毎作業日に少なくとも1回、これを行う。

注意 • 毎週1回ではない！

関係請負人が行う労働者の安全または衛生のための教育に対する指導及び援助
- 当該教育を行う場所の提供、当該教育に使用する資料の提供等の措置を講じる。

- 特定元方事業者は、統括安全衛生責任者を選任し、その者に元方安全衛生管理者の指揮をさせるとともに、上記の事項を統括管理させなければならない。

注意 • 店社安全衛生管理者を指揮させるのではない！

■工事計画の届出

工事開始の 30 日前までに厚生労働大臣に届け出なければならない工事

- 高さが 300m 以上の塔の建設
- 堤高が 150m 以上のダムの建設
- 最大支間 500m（つり橋にあっては 1,000m）以上の橋梁の建設
- 長さが 3,000m 以上のずい道等の建設
- ゲージ圧力が 0.3MPa 以上の圧気工法による作業

工事開始の 14 日前までに労働基準監督署長に届け出なければならない工事

- 高さ 31m を超える建築物または工作物（橋梁を除く）の建設・改造・解体・破壊（以下、建設等という）
- 最大支間 50m 以上の橋梁の建設等
- ずい道等の建設等（ずい道等の内部に労働者が立ち入らないものを除く）
- 掘削の高さまたは深さが 10m 以上である地山の掘削

■特別の教育

- 事業者は、危険または有害な業務で、厚生労働省令で定めるものに労働者をつかせるときは、当該業務に関する安全または衛生のための特別の教育を行なわなければならない。

特別の教育を行わなくてはならない主な業務

- アーク溶接機を用いて行う金属の溶接･溶断等の業務
- 最大荷重 1t 未満のショベルローダーまたはフォークローダーの運転（道路上を走行させる運転を除く）の業務
- 作業床の高さが 10m 未満の高所作業車の運転（道路上を走行させる運転を除く）の業務
- つり上げ荷重が 1t 未満の移動式クレーンの運転（道路上を走行させる運転を除く）の業務
- つり上げ荷重が 5t 未満のデリックの運転の業務
- 建設用リフトの運転の業務
- つり上げ荷重が 1t 未満のクレーン、移動式クレーンまたはデリックの玉掛けの業務
- ゴンドラの操作の業務

Lesson 04

労働安全衛生法（2）

引倒し等の作業の合図

授業中に引き出しから
（事業者）　（引倒し等）

哀愁ただようメロディーが・・・
（合図）（周知）

事業者は、引倒し等の作業を行うときは、一定の合図を定め、関係労働者に周知させなければならない。

■作業主任者の選任を必要とする主な作業

- アセチレン溶接装置またはガス集合溶接装置を用いて行う金属の溶接、溶断または加熱の作業
- コンクリート破砕器を用いて行う破砕の作業
- 掘削面の高さが 2m 以上となる地山の掘削（ずい道及びたて坑以外の坑の掘削を除く）の作業
- 土止め支保工の切りばりまたは腹起こしの取付けまたは取り外しの作業
- ずい道等の掘削の作業
- ずい道等の覆工の作業
- 型枠支保工の組立てまたは解体の作業
- つり足場（ゴンドラのつり足場を除く）、張出し足場または高さが 5m 以上の構造の足場の組立て、解体または変更の作業
- 橋梁の上部構造であって、金属製の部材により構成されるもの（その高さが 5m 以上であるものまたは当該上部構造のうち橋梁の支間が 30m 以上である部分に限る）の架設、解体または変更の作業
- コンクリート造の工作物（その高さが 5m 以上であるものに限る）の解体または破壊の作業
- 橋梁の上部構造であって、コンクリート造のもの（その高さが 5m 以上であるものまたは当該上部構造のうち橋梁の支間が 30m 以上である部分に限る）の架設または変更の作業

■コンクリート造の工作物の解体等作業

- 事業者は、高さが 5m 以上のコンクリート造の工作物の解体等の作業を行うときは、あらかじめ、当該工作物の形状、き裂の有無、周囲の状況等を調査し、当該調査により知り得たところに適応する作業計画を定め、かつ、当該作業計画により作業を行わなければならない。

作業計画の内容

①作業の方法及び順序
②使用する機械等の種類及び能力
③控えの設置、立入禁止区域の設定その他の外壁、柱、はり等の倒壊または落下による労働者の危険を防止するための方法

事業者の講じるべき措置

- 作業を行う区域内には、関係労働者以外の労働者の立入りを禁止すること。
- 強風、大雨、大雪等の悪天候のため、作業の実施について危険が予想されるときは、当該作業を中止すること。
- 器具、工具等を上げ、または下ろすときは、つり綱、つり袋等を労働者に使用させること。
- 外壁、柱等の引倒し等の作業を行うときは、引倒し等について一定の合図を定め、関係労働者に周知させること。
- 当該作業に従事する労働者に保護帽を着用させること。

作業主任者の選任

- 事業者は、コンクリート造の工作物の解体等作業主任者技能講習を修了した者のうちから、解体等作業主任者を選任しなければならない。

注意 •特別教育ではない！

コンクリート造の工作物の解体等作業主任者の職務

①作業の方法及び労働者の配置を決定し、作業を直接指揮すること。
②器具、工具、要求性能墜落制止用器具等及び保護帽の機能を点検し、不良品を取り除くこと。
③要求性能墜落制止用器具等及び保護帽の使用状況を監視すること。

Lesson 05

建設業法

専任の主任技術者の配置

皇居に大勢集まって
（公共）　（多数が利用）

制限以上になったら
（規定の請負金額以上）

現場の主任は
（現場の主任技術者）

1000 人にしてね
（専任）

公共性のある施設や多数の者が利用する施設に関する重要な工事で、請負代金の額が規定の金額以上になる場合、工事現場ごとに専任の主任技術者を置かなければならない。

■建設工事の見積り

- 建設業者は、建設工事の注文者から請求があったときは、請負契約が成立するまでの間に、建設工事の見積書を交付しなければならない。
- 建設工事の注文者は、請負契約の方法が随意契約による場合にあっては契約を締結するまでに、入札の方法により競争に付する場合にあっては入札を行うまでに、契約書の記載事項について、できる限り具体的な内容を提示し、かつ、当該提示から当該契約の締結または入札までに、建設業者が当該建設工事の見積りをするために必要な政令で定める一定の期間を設けなければならない。

■元請負人《もとうけおいにん》の義務

- 元請負人は、その請け負った建設工事を施工するために必要な工程の細目、作業方法その他元請負人において定めるべき事項を定めようとするときは、あらかじめ、下請負人の意見を聞かなければならない。

- 元請負人は、請負代金の出来形《できがた》部分に対する支払いを受けたときは、その支払いの対象となった建設工事を施工した下請負人に対して、その下請負人が施工した出来形部分に相応する下請代金を、当該支払いを受けた日から1月以内で、かつ、できる限り短い期間内に支払わなければならない。
- 元請負人は、前払金の支払を受けたときは、下請負人に対して、資材の購入、労働者の募集その他建設工事の着手に必要な費用を前払金として支払うよう適切な配慮をしなければならない。
- 元請負人は、下請負人からその請け負った建設工事が完成した旨の通知を受けたときは、当該通知を受けた日から20日以内で、かつ、できる限り短い期間内にその完成を確認するための検査を完了しなければならない。
- 元請負人は、検査によって建設工事の完成を確認した後、下請負人が申し出たときは、直ちに、当該建設工事の目的物の引渡しを受けなければならない。
- 下請代金の支払いについては、その支払期日までに一般の金融機関による割引を受けることが困難であると認められる手形を交付してはならない。
- 発注者から直接建設工事を請け負った特定建設業者は、下請負人に対し、その請け負った建設工事の施工に関する法令等に違反しないよう指導に努めるものとする。

■技術者制度

- 建設業者は、その請け負った建設工事を施工するときは、当該建設工事に関し主任技術者を置かなければならない。
- 発注者から直接建設工事を請け負った特定建設業者は、当該建設工事を施工するために締結した下請契約の請負代金が政令で定める金額以上の場合、工事現場に監理技術者を置かなければならない。
- 地方公共団体が注文者である工作物に関する建設工事において、その請負代金が政令で定める金額以上の場合、注文者から直接建設工事を請け負った建設業者が置く主任技術者または監理技術者は、原則として工事現場ごとに専任の者でなければならない。
- 専任を要する工事のうち、密接な関係にある2以上の建設工事を同一の建設業者が同一の場所または近接した場所において施工する場合は、同一の専任の主任技術者がこれらの工事を管理することができる。
- 監理技術者は、当該選任の期間中のいずれの日においても、監理技術者講習を受講した日の属する年の翌年から起算して5年を経過しない者でなければならない。
- 主任技術者及び監理技術者は、工事現場における建設工事を適正に実施するため、当該建設工事の施工計画の作成、工程管理、品質管理その他の技術上の管理及び当該建設工事の施工に従事する者の技術上の指導監督を行わなければならない。

注意 • 下請契約の締結は、主任技術者及び監理技術者の職務に含まれない！

- 工事現場における建設工事の施工に従事する者は、主任技術者または監理技術者がその職務として行う指導に従わなければならない。
- 主任技術者及び監理技術者は、公共工事標準請負契約約款に定められている現場代理人を兼ねることができる。

Lesson 06

火薬類取締法

火薬類の数量

置いとけるのは１日分
（存置・１日の消費見込量以下）

持ってけるのは使う分
（携行・使用する消費見込量以下）

火薬類取扱所に存置できる火薬類の数量は、１日の消費見込量以下、発破場所に携行する火薬類の数量は、当該作業に使用する消費見込量を超えないものとする。

■火薬類取締法の規定

- 火薬類を運搬しようとする場合は、その荷送人は、その旨を出発地を管轄する都道府県公安委員会に届け出て、届出を証明する文書の交付を受けなければならない。
- 18歳未満の者は、火薬類の取扱いをしてはならない。
- 火薬類を取り扱う者は、所有し、または占有する火薬類、譲渡許可証、譲受許可証または運搬証明書を喪失し、または盗取されたときは、遅滞なくその旨を警察官または海上保安官に届け出なければならない。

■火薬類取締法施行規則の規定

火薬庫外においてする貯蔵の技術上の基準

- 建築物の屋根の外面は、金属板、スレート板、かわらその他の不燃性物質を使用し、かつ、天井裏または屋根に盗難防止のための金網を張ること。
- 建築物の内面は、板張りとし、床面にはできるだけ鉄類を表わさないこと。

火薬類の取扱い

- 火薬類を運搬するときは、衝撃等に対して安全な措置を講じ、工業雷管、電気雷管もしくは導火管付き雷管を坑内に運搬するときは、背負袋、背負箱その他の運搬専用の安全な用具を使用すること。
- 消費場所においては、火薬類消費計画書に火薬類を取り扱う必要のある者として記載されている者が火薬類を取り扱う場合には、腕章を付ける等他の者と容易に識別できる措置を講ずること。
- 火薬類を取り扱う場所の付近では、喫煙し、または火気を使用しないこと。

火薬類取扱所

- 消費場所には、火薬類の管理及び発破《はっぱ》の準備をするために火薬類取扱所を設けなければならない。
- 火薬類取扱所において存置することのできる火薬類の数量は、１日の消費見込量以下とする。

火工所

- 火工所に火薬類を存置する場合には、原則として見張人を常時配置すること。

発破

- 発破場所に携行する火薬類の数量は、当該作業に使用する消費見込量を超えないこと。
- 発破場所においては、責任者を定め、火薬類の受渡し数量、消費残数量及び発破孔または薬室に対する装塡《そうてん》方法をその都度記録させること。
- 装塡が終了し、火薬類が残った場合には、直ちに始めの火薬類取扱所または火工所に返送すること。

注意 ・発破終了後にではない！

- 発破による飛散物により人畜、建物等に損傷が生じるおそれがある場合には、損傷を防ぎ得る防護措置を講ずること。
- 前回の発破孔を利用して、削岩し、または装塡しないこと。
- 水孔発破の場合には、使用火薬類に防水の措置を講ずること。
- 発破に際しては、あらかじめ定めた危険区域への通路に見張人を配置し、その内部に関係人のほかは立ち入らないような措置を講じ、付近の者に発破する旨を警告し、危険がないことを確認した後でなければ点火しないこと。

電気発破

- 発破母線は、日本産業規格に適合する600Vビニル絶縁電線以上の絶縁効力のある電線であって、30m以上の機械的に強力なものを使用し、使用前に断線の有無を検査すること。
- 発破母線は、点火するまでは点火器に接続する側の端を短絡させておき、発破母線の電気雷管の脚線に接続する側は、心線を長短不ぞろいにしておくこと。
- 多数斉発に際しては、電圧並びに電源、発破母線、電気導火線及び電気雷管の全抵抗を考慮した後、電気雷管に所要電流を通ずること。
- 点火回路は、点火する前に導通または抵抗を試験し、かつ、試験は、作業者が安全な場所に退避したことを確認した後、火薬類の装塡箇所から30m以上離れた安全な場所で実施すること。

道路関係法令

車両制限令

ふたごの母
(2.5m・幅)

散髪代高いし
(3.8m・高さ)

日ごとに長くなるし
(12m・長さ)

二重の掃除量
(20t・総重量)

車両制限令において、最高限度は、幅 2.5m、高さ 3.8m、長さ 12m、総重量 20t である。

■道路の占用許可

- 道路管理者以外の者が、沿道で行う工事のために道路の区域内に、工事用材料の置き場や足場を設ける場合は、道路管理者の許可を受ける必要がある。
- 道路占用者が、電線、上下水道などの公共施設を道路に設け、継続して道路を使用する場合は、あらためて道路管理者の許可を受ける必要がある。
- 道路占用者が重量の増加を伴わない占用物件の構造を変更する場合、道路の構造または交通に支障を及ぼすおそれがないと認められるものは、あらためて道路管理者の許可を受ける必要はない。
- 道路の占用許可申請書の提出は、その許可にかかわる行為が道路交通法の適用を受ける場合は、当該地域を管轄する警察署長を経由して行うことができる。

■道路占用工事

- 舗装道の舗装の部分の切断は、のみまたは切断機を用いて、原則として直線に、かつ、路面に垂直に行う。
- 掘削部分に近接する道路の部分には、占用のために掘削した土砂をたい積しないで余地を設けるものとし、当該土砂が道路の交通に支障を及ぼすおそれのある場合においては、これを他の場所に搬出する。

- わき水またはたまり水の排出にあたっては、道路の排水に支障を及ぼすことのないように措置して道路の排水施設に排出する場合には、路面その他の道路の部分に排出することができる。
- 掘削面積は、工事の施行上やむを得ない場合において、覆工を施す等道路の交通に著しい支障を及ぼすことのないように措置して行う場合を除き、当日中に復旧可能な範囲とする。
- 道路を横断して掘削する場合は、原則として、道路の交通に著しい支障を及ぼさないと認められる道路の部分について掘削を行い、当該掘削を行った道路の部分に道路の交通に支障を及ぼさないための措置を講じた後、その他の道路の部分を掘削する。

占用のために掘削した土砂の埋戻しの方法

- 各層（層の厚さは、原則として0.3m（路床部は0.2m）以下）ごとに、ランマーその他の締固め機械または器具で確実に締め固めて行う。

注意 ・一度に最終埋戻し面まで土砂を投入するのではない！

- くい、矢板等は、下部を埋め戻して徐々に引き抜く。

■特殊車両通行許可

- 道路管理者は、車両の構造または車両に積載する貨物が特殊であるためやむを得ないと認めるときは、必要な条件を付して、通行を許可することができる。
- 特殊な車両を通行させようとする者は、通行する道路の道路管理者が2以上となる国道及び県道を通行する場合、いずれか1つの道路管理者に通行許可の申請を行えばよい。

注意 ・それぞれの道路管理者に申請するのではない！

- 特殊な車両の通行許可を受けた者は、当該許可に係る通行中、当該許可証を当該車両に備え付けていなければならない。
- 特殊な車両を許可なく、または通行許可条件に違反して通行させた場合には、運転手に罰則規定が適用されるほか、事業主に対しても適用される。

■車両制限令

- 車両の幅の最高限度…2.5m
- 車両の長さの最高限度…12m（高速自動車国道を通行するセミトレーラ連結車は16.5m、フルトレーラ連結車は18m）

プラスα　歩道切下げ工事

- 道路管理者以外の者が、工事用車両の出入りのために歩道切下げ工事を行う場合は、道路管理者の承認を受ける必要がある。

Lesson 08 河川法

河川管理者の許可

今日帰って新築
（工作物の新築等の許可）

土地も占拠した
（土地の占用許可）

河川管理者が管理する河川区域内で工作物の新築等の許可を受けた者は、土地の占用の許可も受けなければならない。

■河川管理者の許可

- 河川区域内の土地（河川管理者以外の者がその権原に基づき管理する土地を除く）を占用しようとする者は、河川管理者の許可を受けなければならない。
- 河川区域内の土地（河川管理者以外の者がその権原に基づき管理する土地を除く）において土石（砂を含む）を採取しようとする者は、河川管理者の許可を受けなければならない。
- 河川区域内の土地において工作物を新築し、改築し、または除却しようとする者は、河川管理者の許可を受けなければならない。
- 河川区域内の土地において土地の掘削、盛土もしくは切土その他土地の形状を変更する行為（工作物の新築等の許可に係る行為のためにするものを除く）、または竹木の栽植もしくは伐採をしようとする者は、河川管理者の許可を受けなければならない。

河川管理者の許可が必要な行為

- 河川区域内の上空を通過する電線や通信ケーブルの設置
- 河川区域内の地下に埋設される農業用水のサイホンの新設

- 河床上に流動可能な状態で存在する転石、浮石の採取
- 河川区域内の土石の採取及び土石以外の竹木、あし、かやの採取
- 河川区域内での資機材を荷揚げする桟橋の設置
- 河川区域内での仮設の資材置き場の設置
- 河川区域内の民有地での一時的な仮設工作物としての現場事務所の設置
- 河川区域内の民有地において土地の掘削、盛土など土地の形状を変更する行為

河川管理者の許可を必要としない行為

- 河川管理者以外の者が権原に基づいて管理する土地において新たに公園を整備するときは、**土地の占用**の許可を受ける必要がない。
- 河川管理者以外の者が権原に基づいて管理する土地において、土石の採取及び土石以外の竹木、あし、かやを採取するときは、**土石等の採取**の許可を受ける必要がない。
- **工作物の新築等**の許可を河川管理者から受けている場合は、あらためてその工作物を施工するための土地の掘削等の許可を受ける必要がない。
- 河川管理者の許可を受けて設置されている排水施設の機能を維持するために排水口付近に積もった**土砂を排除する**場合には、河川管理者の許可を受ける必要がない。
- 現場練りモルタルに使う**少量の水**をバケツなどで一時的に河川から取水する場合は、河川管理者の許可を受ける必要がない。

■河川保全区域における行為の制限

河川保全区域内において河川管理者の許可が必要な行為

- 土地の掘削、盛土または切土その他土地の形状を変更する行為
- 工作物の新築または改築

河川保全区域において許可を必要としない行為

（河川管理施設の敷地から 5m 以内の土地におけるものを除く）

- 堤内の土地における地表から高さ 3m 以内の盛土（堤防に沿って行なう盛土で堤防に沿う部分の長さが 20m 以上のものを除く）
- 堤内の土地における地表から深さ 1m 以内の土地の掘削または切土
- 堤内の土地における工作物（コンクリート造、石造、れんが造等の堅固なもの及び貯水池、水槽、井戸、水路等水が浸透するおそれのあるものを除く）の新築または改築

Lesson 09

建築基準法

防火地域内建築物の屋根の構造

ぼかぁ　50歳を超えたら
（防火地域内・延べ面積 50m² 超）

缶はないよ　やーねぇ
（緩和なし）　（屋根）

防火地域内の延べ面積 50m² を超える建築物の屋根の構造には、制限の緩和が適用されない。

■仮設建築物の制限緩和

制限が緩和される規定

- 建築確認に関する規定（6条）
- 建築・除却届に関する規定（15条）
- 建築物の敷地・地盤面の高さに関する規定（19条1項）
- 湿潤な土地等における衛生上・安全上必要な措置に関する規定（19条2項）
- 下水管・下水溝等の施設の設置に関する規定（19条3項）
- 居室の床の高さに関する規定（令22条）
- 接道義務に関する規定（43条）
- 容積率に関する規定（52条）
- 建蔽率に関する規定（53条）
- 建築物の高さ制限（斜線制限）に関する規定（56条）
- 防火地域・準防火地域内の建築物（延べ面積 50m² 以内）の屋根の構造に関する規定（62条）

制限の緩和が適用されない規定

- 建築物の所有者、管理者または占有者は、その建築物の敷地、構造及び建築設備を常時適法な状態に維持するように努めなければならない。

- 建築物は、自重、積載荷重、積雪荷重、風圧、土圧及び水圧並びに地震その他の震動及び衝撃に対して安全な構造のものとし、定められた基準に適合するものでなければならない。
- 居室には換気のための窓その他の開口部を設け、その換気に有効な部分の面積は、その居室の床面積に対して、20 分の 1 以上としなければならない。
- 建築物の電気設備は、法律またはこれに基く命令の規定で電気工作物に係る建築物の安全及び防火に関するものの定める工法によって設けなければならない。

■建築確認

確認申請が必要な建築物

- 耐火建築物等としなければならない特殊建築物で、その用途に供する部分の床面積の合計が $200m^2$ を超えるもの
- 木造の建築物で 3 以上の階数を有し、または延べ面積が $500m^2$、高さが 13m もしくは軒の高さが 9m を超えるもの
- 木造以外の建築物で 2 以上の階数を有し、または延べ面積が $200m^2$ を超えるもの
- 都市計画区域・準都市計画区域・準景観地区内の建築物

注意 • 防火地域・準防火地域外において建築物を増築・改築・移転しようとする場合で、その増築・改築・移転に係る部分の床面積の合計が $10m^2$ 以内であるときは、建築確認申請は必要ない！

確認申請が必要な工作物

- 高さが 6m を超える煙突
- 高さが 15m を超える鉄筋コンクリート造の柱、鉄柱、木柱その他これらに類するもの
- 高さが 4m を超える広告塔、広告板、装飾塔、記念塔その他これらに類するもの
- 高さが 8m を超える高架水槽、サイロ、物見塔その他これらに類するもの
- 高さが 2m を超える擁壁
- 乗用エレベーターまたはエスカレーターで観光のためのもの及び一般交通の用に供するもの
- ウォーターシュート、コースターその他これらに類する高架の遊戯施設
- メリーゴーラウンド、観覧車、オクトパス、飛行塔その他これらに類する回転運動をする遊戯施設で原動機を使用するもの

Lesson 10

騒音規制法

路面切削機

ロメインレタスぐらいで
（路面切削機）

そう恩に着せないで
（騒音規制なし）

路面切削機を使用して行う道路の切削オーバーレイ作業は、特定建設作業に該当しない。

■指定地域

- 指定地域とは、騒音を防止することにより住民の生活環境を保全する必要があり、特定建設作業に伴って発生する騒音について規制する地域として都道府県知事及び指定都市の長等が指定した地域である。
- 都道府県知事（市長）は、規制地域を指定しようとするときは、関係町村長の意見を聴かなければならない。
- 指定地域内において特定建設作業に伴って発生する騒音について、環境大臣は、騒音の大きさ、作業時間、作業禁止日などの規制基準を定めている。

■特定建設作業

- 特定建設作業とは、建設工事として行われる作業のうち、当該作業が作業を開始した日に終わるものを除き、著しい騒音を発生する作業であって政令で定めるものをいう。
- 指定地域内において特定建設作業を伴う建設工事を施工しようとする者は、当該特定建設作業の開始の日の7日前までに、環境省令で定めるところにより、市町村長に届け出なければならない。
- 災害その他非常事態の発生により特定建設作業を緊急に行う必要がある場合

は、速やかに市町村長に届け出なければならない。

特定建設作業の実施の主な届出事項

- 建設工事の目的に係る施設または工作物の種類
- 特定建設作業の場所及び実施の期間
- 騒音の防止の方法
- 建設工事の名称並びに発注者の氏名または名称及び住所
- 特定建設作業の種類
- 特定建設作業に使用される機械の名称、型式及び仕様
- 特定建設作業の開始及び終了の時刻
- 下請負人が特定建設作業を実施する場合は、当該下請負人の氏名または名称及び住所
- 届出をする者の現場責任者の氏名及び連絡場所

注意 • 特定建設作業にかかる工事規模及び概算工事費は、届出事項ではない！

■改善勧告・改善命令

- 市町村長は、指定地域内での特定建設作業に伴って発生する騒音が定められた基準に適合しない場合、騒音防止の方法の改善や作業時間を変更すべきことを、当該建設工事を施工する者に対して勧告することができる。
- 市町村長は、改善勧告に従わないで工事を施工する者に、期限を定めて、また必要な限度において、騒音の防止の方法の改善または特定建設作業の作業時間の変更を命ずることができる。

■特定建設作業に該当するもの

- くい打機（もんけんを除く）、くい抜機またはくい打くい抜機（圧入式くい打くい抜機を除く）を使用する作業（くい打機をアースオーガーと併用する作業を除く）
- びょう打機を使用する作業
- さく岩機を使用する作業（作業地点が連続的に移動する作業にあっては、1日における当該作業に係る2地点間の最大距離が50mを超えない作業に限る）
- 空気圧縮機（電動機以外の原動機を用いるものであって、その原動機の定格出力が15kW以上のものに限る）を使用する作業（さく岩機の動力として使用する作業を除く）
- 混練機の混練容量が0.45m^3以上のコンクリートプラントまたは混練機の混練重量が200kg以上のアスファルトプラントを設けて行う作業（モルタルを製造するためにコンクリートプラントを設けて行う作業を除く）
- 原動機の定格出力が80kW以上のバックホゥを使用する作業
- 原動機の定格出力が70kW以上のトラクターショベルを使用する作業
- 原動機の定格出力が40kW以上のブルドーザーを使用する作業

Lesson 11

振動規制法

騒音・振動の規制基準値

うるさい屋根工事
(騒音)　(85dB)

揺れで家族も和まない
(振動)　(75dB)

騒音は騒音規制法により85dB以下に、振動は振動規制法により75dB以下に抑えなければならないと定められている。

■地域の指定

- 振動を防止することにより住民の生活環境を保全する必要があると認める地域の指定は、都道府県知事（市の区域内の地域については市長）が行う。
- 都道府県知事は、規制地域の指定をしようとするときは、関係町村長の意見を聴かなければならない。

■特定建設作業の実施の届出

- 指定地域内において特定建設作業を伴う建設工事を施工しようとする者は、当該特定建設作業の開始の日の７日前までに、所定の事項を市町村長に届け出なければならない。

特定建設作業の実施の主な届出事項

- 氏名または名称及び住所並びに法人にあっては、その代表者の氏名
- 建設工事の目的に係る施設または工作物の種類
- 特定建設作業の種類、場所、実施期間及び作業時間
- 振動の防止の方法

届出の添付書類

- 特定建設作業の場所の付近の見取図
- 特定建設作業を伴う建設工事の工程の概要を示した工事工程表で特定建設作業の工程を明示したもの

■改善勧告・改善命令

- 市町村長は、指定地域内において行われる特定建設作業に伴って発生する振動が環境省令で定める基準に適合しないことによりその特定建設作業の場所の周辺の生活環境が著しく損なわれると認めるときは、当該建設工事を施工する者に対し、期限を定めて、その事態を除去するために必要な限度において、振動の防止の方法を改善し、または特定建設作業の作業時間を変更すべきことを勧告することができる。
- 市町村長は、勧告を受けた者がその勧告に従わないで特定建設作業を行っているときは、期限を定めて、その勧告に従うべきことを命ずることができる。

■特定建設作業の規制に関する基準

- 特定建設作業の振動が、特定建設作業の場所の敷地の境界線において、75dB を超える大きさのものでないこと。
- 特定建設作業の振動が、良好な住居の環境を保全するため、特に静穏の保持が必要とする区域であると都道府県知事が指定した区域では、原則として午後 7 時から翌日の午前 7 時まで行われる特定建設作業に伴って発生するものでないこと。
- 特定建設作業の振動が、良好な住居の環境を保全するため、特に静穏の保持を必要とする区域であると都道府県知事が指定した区域では、原則として 1 日 10 時間を超えて行われる特定建設業に伴って発生するものでないこと。
- 特定建設作業の振動が、特定建設作業の全部または一部に係る作業の期間が当該特定建設作業の場所において連続して 6 日を超えて行われる特定建設作業に伴って発生するものでないこと。

注意 • 特定建設作業の振動の時間規制は、災害その他非常事態の発生により特定建設作業を緊急に行う必要がある場合には適用されない！

■特定建設作業に該当するもの

- くい打機（もんけん及び圧入式くい打機を除く）、くい抜機（油圧式くい抜機を除く）またはくい打くい抜機（圧入式くい打くい抜機を除く）を使用する作業
- 鋼球を使用して建築物その他の工作物を破壊する作業
- 舗装版破砕機を使用する作業（作業地点が連続的に移動する作業にあっては、1 日における当該作業に係る 2 地点間の最大距離が 50m を超えない作業に限る）
- ブレーカー（手持式のものを除く）を使用する作業（作業地点が連続的に移動する作業にあっては、1 日における当該作業に係る 2 地点間の最大距離が 50m を超えない作業に限る）

注意 • いずれも、当該作業がその作業を開始した日に終わるものを除く！

Lesson 12

港則法

防波堤入口附近の航法

電車に乗る（入航）のは

降りる客が出て（出航）からだよ

汽船が港の防波堤の入口または入口附近で他の汽船と出会うおそれのあるときは、入航する汽船は、防波堤の外で出航する汽船の進路を避けなければならない。

■入出港及び停泊

- 船舶は、特定港に入港したときまたは特定港を出港しようとするときは、港長に届け出なければならない。
- 特定港内に停泊する船舶は、各々そのトン数または積載物の種類に従い、当該特定港内の一定の区域内に停泊しなければならない。
- 特定港内においては、汽艇等以外の船舶を修繕し、または係船しようとする者は、その旨を港長に届け出なければならない。
- 修繕中または係船中の船舶は、特定港内においては、港長の指定する場所に停泊しなければならない。
- 汽艇等及びいかだは、港内においては、みだりにこれを係船浮標もしくは他の船舶に係留し、または他の船舶の交通の妨げとなるおそれのある場所に停泊させ、もしくは停留させてはならない。
- 船舶は、港内においては、ふ頭、桟橋、岸壁、係船浮標及びドックの附近にみだりにびょう泊または停留してはならない。

- 港内に停泊する船舶は、異常な気象または海象により、当該船舶の安全の確保に支障が生ずるおそれがあるときは、適当な予備びょうを投下する準備をしなければならない。

■航路及び航法

- 船舶は、航路内においては、運転の自由を失ったとき等を除いては、投びょうし、またはえい航している船舶を放してはならない。
- 航路外から航路に入り、または航路から航路外に出ようとする船舶は、航路を航行する他の船舶の進路を避けなければならない。
- 船舶は、航路内においては、並列して航行してはならない。
- 船舶は、航路内において、他の船舶と行き会うときは、右側を航行しなければならない。
- 船舶は、航路内においては、他の船舶を追い越してはならない。
- 汽船が港の防波堤の入口または入口附近で他の汽船と出会うおそれのあるときは、入航する汽船は、防波堤の外で出航する汽船の進路を避けなければならない。
- 船舶は、港内及び港の境界附近においては、他の船舶に危険を及ぼさないような速力で航行しなければならない。
- 船舶は、港内においては、防波堤、ふとうその他の工作物の突端または停泊船舶を右げんに見て航行するときは、できるだけこれに近寄り、左げんに見て航行するときは、できるだけこれに遠ざかって航行しなければならない。

■港長の許可を必要とするもの

- 特定港における危険物の積込・積替または荷卸
- 特定港内または特定港の境界附近における危険物の運搬
- 特定港内または特定港の境界附近での工事または作業
- 特定港内において竹木材を船舶から水上に卸す作業
- 特定港内におけるいかだのけい留または運行
- 特定港内において使用すべき私設信号を定める場合

プラスα　喫煙等の制限

- 何人《なんぴと》も、港内においては、相当の注意をしないで、油送船の附近で喫煙し、または火気を取り扱ってはならない。

Lesson 01

測　量

トータルステーションの機能

「トータル駅」から
（トータルステーション）

角ばった
（角度測定機能）

長距離列車に乗る
（距離測定機能）

トータルステーションはセオドライトの角度測定機能と光波測距儀の距離測定機能の両方を併せ持つ。

■公共測量

- 公共測量の水平位置座標は、既設の観測地点から目標地点の水平角と水平距離により算出することができる。

注意 • 斜距離ではない！

- 公共測量に用いる平面直角座標系のX軸は、原点において子午線に一致する軸とし、真北に向かう値を正とする。

注意 • Y軸ではない！

■トータルステーション（TS）による測量

- TSは、デジタルセオドライトと光波側距儀を一体化したもので、測角と測距を同時に行うことができるが、器械高を自動的に読み取ることはできない。
- TSで直接観測もしくは測定しているものは、水平角、鉛直角及び斜距離である。

注意 • 水平距離ではない！

- TSは、観測した斜距離と鉛直角により、観測点と視準点の高低差を算出できる。

- TSは、既設の観測地点から目標地点の水平距離を求めることができる。
- TSによる観測では、座標値を持つ標杭などを基準として、新たに計算された座標値を持つ点を設置できる。

観測要領

- 水平角観測、鉛直角観測及び距離測定は、1視準で同時に行うことを原則とする。
- 水平角観測は、対回内の観測方向数を5方向以下とする。
- 水平角観測の必要対回数に合わせ、取得された鉛直角観測値及び距離測定値はすべて採用し、その平均値を用いることができる。

注意 • 最小値ではない！

- 鉛直角観測は、1視準1読定、望遠鏡正及び反の観測を1対回とする。
- 距離測定は、1視準2読定を1セットとする。

観測の記録

- 観測の記録は、データコレクタを用いるが、これを用いない場合には観測手簿に記載するものとする。

補正

- TSは、気象補正、傾斜補正、投影補正、縮尺補正などを行った距離を表示する。

注意 • 角度ではない！

- 気象補正のための気温、気圧の測定は、距離測定の観測開始直前、または終了直後に行うものとする。
- 距離測定にともなう気温及び気圧の測定は、原則として反射鏡を整置した測点及び器械を整置した測点で行うものとする。
- 距離測定にともなう気温及び気圧などの測定は、3級及び4級基準点測量においては、標準大気圧を用いて気象補正を行うことができる。

■電子レベルによる測量

- 電子レベルは、電子レベル専用標尺に刻まれたパターンを検出器で認識し、電子画像処理をして高さ及び距離を自動的に読み取るものである。
- 電子レベルは、2つの測点上に設置されたバーコード標尺を読み取り、2つの測点間の高低差を自動的に算出できる。
- 電子レベルは、一般に、トータルステーションよりも正確に高さ（標高）を求めることができる。

Lesson 02

公共工事標準請負契約約款

確認請求

ゴビ砂漠で水が漏れたら命とり！
(誤謬)　(脱漏)

蓋がきちんと合ってるか
(一致しているか)

確認せい!!
(確認請求)

設計図書の誤謬・脱漏、施工条件等と一致しないことを発見したら、直ちに監督員に通知の上、確認請求する。

■公共工事標準請負契約約款の諸規定

権利義務等の譲渡禁止
- 受注者は、原則として、工事請負契約により生ずる権利または義務を第三者に譲渡し、または承継させてはならない。
- 受注者は、原則として、発注者の検査に合格した工事材料を第三者に譲渡し、貸与し、または抵当権その他の担保の目的に供してはならない。

一括委任・一括下請負の禁止
- 受注者は、工事の全部もしくはその主たる部分または他の部分から独立してその機能を発揮する工作物の工事を一括して第三者に委任し、または請け負わせてはならない。

現場代理人
- 発注者は、現場代理人の工事現場における運営、取締り及び権限の行使に支障がなく、かつ、発注者との連絡体制が確保されると認めた場合には、現場代理人の工事現場への常駐を要しないこととすることができる。

工事材料の品質及び検査等
- 工事材料の品質については、設計図書にその品質が明示されていない場合にあっては、中等の品質を有するものとする。

- 設計図書において監督員の検査を受けて使用すべきものと指定された工事材料については、当該検査に直接要する費用は、受注者の負担とする。
- 受注者は、工事現場内に搬入した工事材料を監督員の承諾を受けないで工事現場外に搬出してはならない。
- 受注者は、検査の結果不合格と決定された工事材料については、決定を受けた日から契約書に定められた日以内に工事現場外に搬出しなければならない。

工事の中止
- 受注者の責めに帰すことができない自然的または人為的な事象により工事を施工できないと認められるときは、発注者は、工事の全部または一部の施工を一時中止させなければならない。
- 発注者は、工事の施工を一時中止させた場合、受注者が工事の続行に備えて労働者、建設機械器具等を保持するための費用を負担しなければならない。

臨機の措置
- 受注者は、災害防止等のため必要があると認めるときは、臨機の措置をとらなければならない。
- 受注者が臨機の措置をとった場合、当該措置に要した費用のうち、受注者が請負代金額の範囲において負担することが適当でないと認められる部分については、発注者が負担する。

損害の負担
- 工事目的物の引渡し前に、工事目的物または工事材料について生じた損害については、原則として受注者がその費用を負担する。
- 工事の施工に伴い通常避けることができない騒音・振動・地盤沈下等により第三者に損害を及ぼしたときは、発注者がその損害を負担しなければならない。
- 受注者は、工事目的物の引渡し前に、天災等で発注者と受注者のいずれの責に帰すことができないものにより、工事目的物等に損害が生じたときは、損害による費用の負担を発注者に請求することができる。

契約不適合責任期間等
- 発注者は、工事目的物の引渡しの際に契約不適合があることを知ったときは、原則として、その旨を直ちに受注者に通知しなければ、当該契約不適合に関する請求等をすることはできない。

■確認請求

- 受注者が、発見時に監督員に確認を請求しなければならない事項。
  ①図面、仕様書、現場説明書及び現場説明に対する質問回答書が一致しないこと。
  ②設計図書に誤謬または脱漏があること。
  ③設計図書の表示が明確でないこと。
  ④設計図書に示された自然的または人為的な施工条件と実際の工事現場が一致しないこと。
  ⑤設計図書で明示されていない施工条件について予期することのできない特別な状態が生じたこと。

Lesson 03

設　計

土積曲線（マスカーブ）

マスカット
（マスカーブ）

上って　切ったら
（上昇勾配区間）（切土）

下りて　盛るだけ
（下降勾配区間）（盛土）

土積曲線（マスカーブ）において、上昇勾配区間は切土区間であり、下降勾配区間は盛土区間である。

■土積曲線（マスカーブ）の読み方

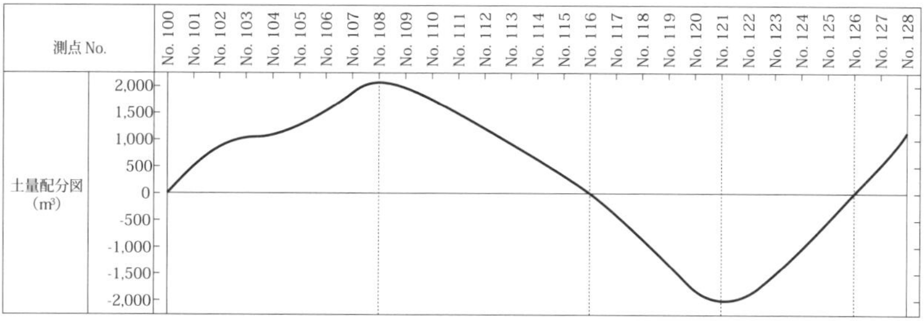

①上昇勾配区間は切土区間である。（No.100 ～ 108、No.121 ～ 128）

②下降勾配区間は盛土区間である。（No.108 ～ 121）

③土量が 0 になる区間の発生土量と使用土量は均衡している。（No.100 ～ 116、No.116 ～ 126）

④工事の終点での土量がプラスであれば、残土が発生する。

⑤工事の終点での土量がマイナスであれば、土が不足している。

■ボックスカルバートの配筋図

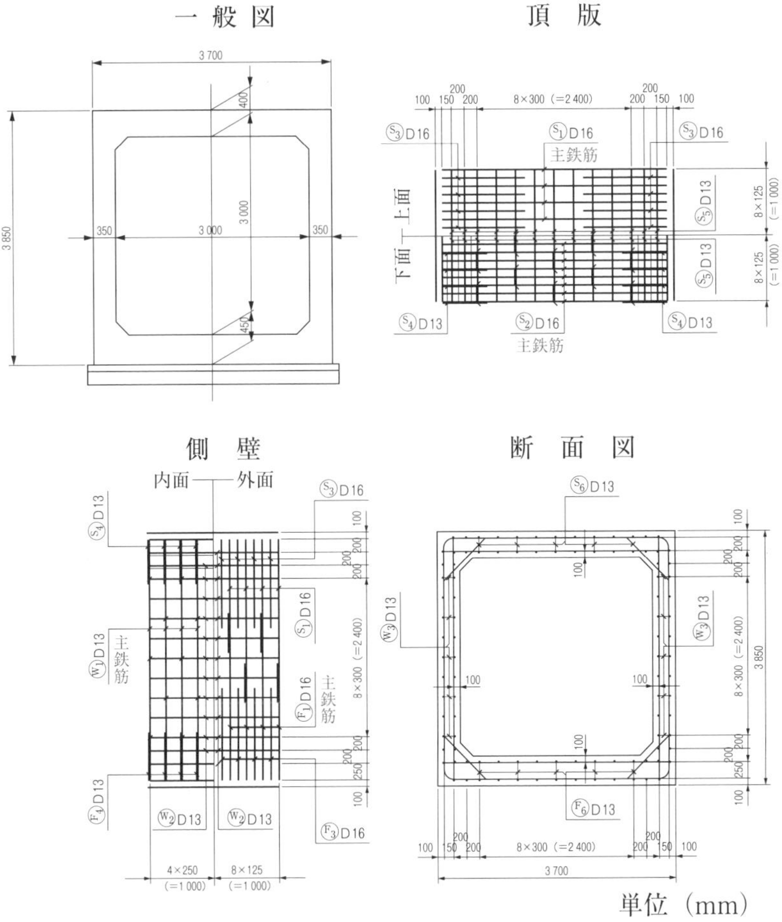

部材の厚さ

- 一般図より…頂版＝400mm、側壁＝350mm、底版＝450mm

鉄筋の種類と太さ

- D16（D＝異形棒鋼、16＝径16mm）
- D13（D＝異形棒鋼、13＝径13mm）

鉄筋の本数と間隔

- 8×125（本数8本、間隔125mm）
- 4×250（本数4本、間隔250mm）

Lesson 01

建設機械

組合せ建設機械の選定

従者は主人より能力高め
（従作業・主作業）

でも最小能力者に決定権
（最小の作業能力）

組合せ建設機械の選定では、従作業の施工能力を主作業の施工能力と同等または幾分高めとし、作業能力は最小の作業能力の建設機械で決定する。

■建設機械用エンジン

- 建設機械では、一般に負荷に対する即応性、燃料消費率、耐久性及び保全性などが良好であるため、ディーゼルエンジンの使用がほとんどである。
- 建設機械用ディーゼルエンジンは、自動車用ディーゼルエンジンより大きな負荷が作用するので、耐久性・寿命の問題などからエンジンの回転速度を下げている。
- ディーゼルエンジンは、排出ガス中に多量の酸素を含み、すすや硫黄《いおう》酸化物を含むことから、後処理装置（触媒《しょくばい》）によって排出ガス中の各成分を取り除くことが難しい。
- ガソリンエンジンは、エンジン制御システムの改良に加え、排出ガスを触媒（三元触媒）に通すことで、窒素《ちっそ》酸化物・炭化水素・一酸化炭素をほぼ100％近く取り除くことができる。
- ディーゼルエンジンとガソリンエンジンでは、エンジンに供給された燃料のもつエネルギーのうち正味仕事として取り出せるエネルギーは、ガソリンエンジンの方が小さい。

■掘削機械

バックホゥ	•機械の設置地盤より低い所を掘るのに適した機械で、水中掘削もでき、機械の質量に見合った掘削力が得られる。 •掘削したあとの仕上り面がきれいで、垂直掘りなども正確に掘れるので、溝掘りや法面の整形などに使用する。
ドラグライン	•機械の設置地盤より低い所を掘る機械で、掘削半径が大きく、ブームのリーチより遠い所まで掘れ、水中掘削も可能で、河川や軟弱地の改修工事などに適している。
機械式クラムシェル	•バケットの重みで土砂に食い込み掘削するもので、一般土砂の孔掘り、ウェルなどの基礎掘削、河床・海底の浚渫などに使用する。
油圧式ショベル	•機械の設置地盤より高い所を削り取るのに適した機械で、山の切りくずしなどに使用する。 •クローラ式のものが圧倒的に多く、超小旋回型や後方超小旋回型が普及し、道路補修や側溝掘りなどに使用される。
ハイブリッド型油圧ショベル	•旋回制動時やブームの下げ時のエネルギー回生を電気エネルギーに変換し、エンジンをアシストする方式であり、従来型のエンジンのみによる方式より省エネ効果が期待できる。 注意 •機械の前進・後進時ではない！

■締固め機械

ロードローラ	•鉄輪を用いた締固め機械でマカダム型とタンデム型があり、アスファルト混合物や路盤の締固め及び路床の仕上げ転圧など道路工事に使用される。 注意 •高含水比の粘性土や均一な粒形の砂質土には適さない！
タイヤローラ	•空気入りタイヤの特性を利用して締固めを行うもので、タイヤの接地圧は載荷重及び空気圧で変化させることができる。 •バラストを付加して輪荷重を増加させ、締固め効果を大きくすることができる。
振動ローラ	•ローラに起振機を組み合わせ、振動によって小さな重量で大きな締固め効果を得るものであり、一般に粘性に乏しい砂利や砂質土の締固めに効果的である。
タンピングローラ	•ローラの表面に突起をつけて先端に荷重を集中でき、土塊や岩塊などの破砕や締固め、粘質性の強い粘性土の締固めに効果的である。

Lesson 02

電気設備・事前調査・届出等

道路管理者の許可

特殊な車両で通行せんように
（特殊車両通行許可・占用許可）

道路を管理する
（道路管理者）

特殊車両通行許可と道路の占用許可は、
道路管理者に申請する。

■工事用電力設備

- 小規模な工事現場などで契約電力が、電灯、動力を含め 50kW 未満のものについては、低圧の電気の供給を受ける。
- 工事現場で高圧にて受電し、現場内の自家用電気工作物に配電する場合、電力会社からは 6kV の電圧で供給を受ける。
- 電気設備の容量決定にあたっては、工事途中に受電容量不足をきたすことのないようにする。
- 工事現場に設置する自家用受変電設備の位置は、一般にできるだけ負荷の中心に近い位置を選ぶ。

■電気設備等

- 電気機械器具の操作を行う場合は、感電や誤操作による危険を防止するため、操作部分に必要な照度を保持する。
- 仮設の配線を通路面で使用する場合は、絶縁被覆が損傷するおそれのないような状態で使用する。
- 移動電線に接続する手持型の電灯や架空つり下げ電灯などには、口金の接触や電球の破損による危険を防止するためのガードを取り付けて使用する。

- 水中ポンプやバイブレータ等の可搬式の電動機械器具を使用する場合は、漏電による感電防止のため漏電遮断装置を取り付ける。

注意 ・自動電撃防止装置ではない！

- アーク溶接等（自動溶接を除く）の作業に使用する溶接棒等のホルダーには、感電の危険防止に必要な絶縁効力及び耐熱性を有するものを使用する。

■事前調査

- 事前調査は、一般的に工事発注時の現場説明時に行われるが、それだけでは不十分なので、工事契約後、現場に行って現地事前調査を行う。
- 現地調査については、文献図書で現地の運搬路状況、工事現場周辺状況などの概略を把握したうえで工事着手前に行う。

契約書類の調査	・工事数量、仕様（規格）等のチェックを行う。
現場条件の調査	・調査項目の脱落がないようにするためにチェックリストを作成する。 ・調査人数を増やす、調査回数を重ねるなどして、精度を高める。
資機材の輸送調査	・輸送ルートの道路状況や交通規制などを把握し、不明な点がある場合は、道路管理者や警察署に相談して解決する。

■関係機関への届出及び許可

届・許可	届出・申請先	適　用
建設工事計画届	労働基準監督署長	・支柱の高さが 3.5m 以上の型枠支保工
		・組立てから解体までの期間が 60 日以上の足場（つり足場・張出し足場以外は高さ 10m 以上）
道路占用許可	道路管理者	・道路上に工事用板囲《いたがこい》・足場・詰所《つめしょ》その他の工事用施設を設置し、継続して道路を使用する場合
特殊車両通行許可		・特殊車両にあたる自走式建設機械を通行させようとする場合
特定建設作業実施届	市町村長	・指定地域内において特定建設作業を伴う建設工事を施工する場合
圧縮アセチレンガス等の貯蔵・取扱いの届出	消防長・消防署長	・圧縮アセチレンガスを定められた数量以上貯蔵し、またはそれを取り扱う場合

Lesson 03

施工計画・原価管理・施工体制台帳

再下請通知書

たいした受けだ
（再下請負）

もっと受けよう
（元請業者）

再下請通知書は、元請業者に提出する。

■施工計画の作成における留意事項

- 発注者の要求品質を確保するとともに、安全を最優先にした施工を基本とした計画とする。
- 施工計画の検討は、現場担当者のみで行うことなく、企業内の組織を活用して、全社的に高い技術レベルでするものである。
- 発注者から指示された工期が最適工期とは限らないので、指示された工期の範囲内でさらに経済的な工程を探し出す。
- １つの計画のみでなく、いくつかの代替案を作り比較検討して、最良の計画を採用する。
- 新技術や新工法を取り入れ工夫・改善を心がける。
- 施工手順の検討は、全体工期、全体工費に及ぼす影響の大きい工種を優先にして行う。
- 施工手順の検討においては、可能な限り繰返し作業を増やすことによって習熟をはかり、効率を上げる。

調達計画	• 施工方法を決定して工種別の実施工程表をもとに機械予定表、資材予定表、労務予定表などを作成する。

資材計画	• 各工種に使用する資材を種類別、月別にまとめ、納期、調達先、調達価格などを把握しておく。
機械計画	• 作業量をできるだけ平滑化し、施工期間中の使用機械の必要量が大きく変動しないように計画する。

■原価管理

- 原価管理の目的は、発生原価と実行予算を比較してその差異を見出し、これを分析・検討して適時適切な処置をとり、実際原価を実行予算まで、ないしは実行予算より低くすることである。
- 原価管理は、施工計画に基づいた実行予算の作成時点から始まり、工事決算時点まで実施される。
- 原価管理を有効に実施するには、管理の重点をどこにおくかの方針を持ち、どの程度の細かさでの原価計算を行うかを決めておくことが必要である。
- 原価管理を実施する体制は、工事の規模・内容によって担当する工事の内容ならびに責任と権限を明確化し、各職場、各部門を有機的、効果的に結合させる必要がある。
- 原価管理では、天災その他不可抗力による損害、設計図書と工事現場の不一致、工事の変更・中止、物価・労賃の変動について考慮する必要はない。

■施工体制台帳の作成

- 公共工事における元請業者は、工事を施工するために下請契約を締結した場合、下請金額にかかわらず施工体制台帳を作成しなければならない。
- 施工体制台帳には、作成建設業者に関する許可を受けて営む建設業の種類、健康保険等の加入状況などを記載しなければならない。
- 施工体制台帳の作成を義務づけられた者は、発注者から請求があったときは、その施工体制台帳を発注者の閲覧に供しなければならない。
- 下請業者は、請け負った工事をさらに他の建設業を営む者に請け負わせたときは、施工体制台帳を修正するため再下請通知書を元請業者に提出しなければならない。 注意 ・発注者にではない！
- 施工体制台帳を作成する建設業者は、当該工事における施工の分担関係を表示した施工体系図を作成し、工事関係者及び公衆が見やすい場所に掲示しなければならない。

Lesson 04

仮設工事・土留め工

土留め壁

水くさい横やり
（止水性のない横矢板）

荒野で堰き止め
（鋼矢板）　（止水）

親杭横矢板には止水性がない。鋼矢板は止水性が高く、施工が比較的容易である。

■仮設工事計画

- 仮設工事計画は、仮設構造物に適用される法律や規則を確認し、施工時に計画の手直しが生じないようにする。
- 本工事の工法・仕様などの変更にできるだけ追随可能な柔軟性のある計画とする。
- 仮設物の運搬、設置、運用、メンテナンス、撤去などの面から総合的に考慮する。
- 仮設構造物は、使用期間が短いなどの要因から一般に安全率は多少割り引いて設計することがあるが、使用期間が長期にわたるものや重要度の大きいものは、相応の安全率をとる。
- 仮設工事の材料は、一般の市販品を使用して可能な限り規格を統一し、その主要な部材については他工事にも転用できるような計画にする。

指定仮設	• 重要な仮設物について、発注者から構造、形状寸法、品質及び価格の指定を受けて施工する。 • 仮設備の変更が必要となったときは、設計（契約）変更の対象となる。
任意仮設	• 請負者が任意にその計画立案を行い実施するもので、そのすべての責任は請負者が有する。 • 設計（契約）変更の対象とならないことが多い。

■土留め工で留意すべき現象

ヒービング	• 軟らかい粘性土地盤で、掘削背面の土砂の重量が掘削底面の地盤支持力より大きくなったときに、掘削底面が持ち上がる現象。
ボイリング	• 地下水位の高い砂質土地盤で、掘削背面の水位と掘削底面との水位差により、砂と水が掘削面に湧き出す現象。

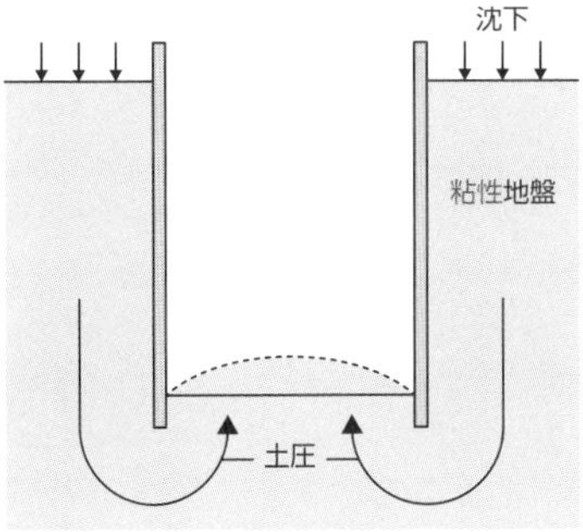

ヒービング

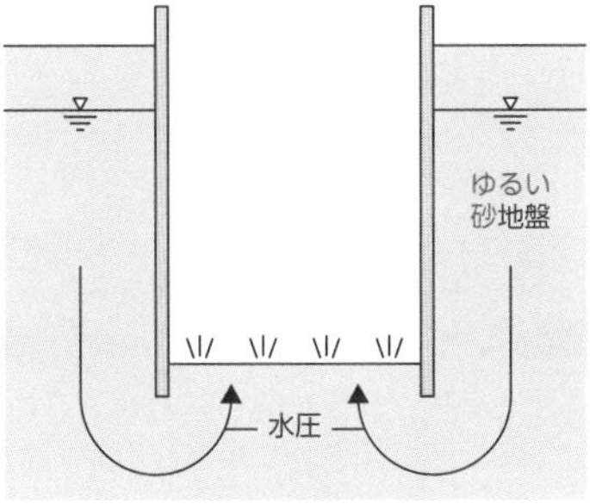

ボイリング

■土留め工法

親杭横矢板	• 止水性がなく、根入れ部が連続していないため、軟弱地盤への適用には限界がある。 • 地下水位の高い地盤や軟弱地盤においては、地下水位低下工法などの補助工法の検討が必要になる。
鋼矢板	• 止水性があり、地下水位の高い地盤に適用される。 • 鋼矢板の溶接継手は、原則としてアーク溶接を用い、継手位置はできるだけ応力の小さい位置に設ける。

プラスα　型枠支保工の鉛直荷重

- 固定荷重…鉄筋、コンクリート、型枠の質量による荷重。
- 積載荷重…打込みに必要な機械・器具などの質量による作業荷重及び打込みに伴う衝撃荷重。

Lesson 05

工事の工程管理

山積み・山崩し

山と積んだ月見団子
（山積み）

山を崩して平らにならす
（山崩し　平準化）

工程管理では、山積みして全体の所要資源数量を出し、
山崩しで調整しながら平準化を図る。

■工程管理

- 工程管理は、施工計画の立案、計画を施工の面で実施する統制機能と、施工途中で計画と実績を評価、欠陥や不具合等があれば処置を行う改善機能とに大別できる。
- 工程管理は、工事の施工段階を評価測定する基準を時間におき、労働力、機械設備、資材等の生産要素を、最も効果的に活用することを目的とした管理である。
- 工程管理は、品質、原価、安全等工事管理の目的とする要件を総合的に調整し、策定された基本の工程計画をもとにして実施される。
- 工程管理は、工事の施工順序と進捗《しんちょく》速度を表す工程表を用い、常に工事の進捗状況を把握し、工程計画と実施のずれを早期に発見し、適切な是正措置を講ずることである。
- 全工期に対して工程（出来高）を表す工程管理曲線では、工期の初期→中期→後期が、緩→急→緩となるようにする。

■工程計画の作成手順

①工種分類に基づき、基本管理項目である工事項目（部分工事）について施工手順を決める。

↓

②各工種別工事項目の適切な施工期間を決める。

↓

③全工事が工期内に完了するように、各工種別工程の相互調整を行う。

↓

④全工期を通じて、労務、資材、機械の必要数を平準化した工程になるように調整する。

■日程計画

- 日程計画では、各種工事に要する実稼働日数を算出し、この日数が作業可能日数より少ないか等しくなるようにする必要がある。

注意 ・多くなるようにするのではない！

- 作業可能日数は、暦日による日数から、定休日、天候その他に基づく作業不能日数を差し引いて推定する。

１日平均施工量

１日平均施工量＝１時間平均施工量×１日平均作業時間

１日の施工量

１日の施工量＝工事量÷作業可能日数

- １日平均施工量は、１日の施工量よりもやや多くなるようにする。

■品質・工程・原価の関係

- 品質・工程・原価の関係は、相互に関係が深いことから、総合的な考え方で計画し、工期を守り、品質を保つように管理する。

工程と原価の関係	•施工を速めると原価は段々安くなり、さらに施工速度を速めると原価は高くなる。
品質と工程の関係	•品質のよいものは時間がかかり、施工を速めて突貫作業をすると品質は悪くなる。
品質と原価の関係	•品質のよくないものは安くでき、品質をよくするにしたがって原価は高くなる。

Lesson 06

各種工程表

工程表の種類

玩具店(ガント)のばあちゃん(バーチャート)、

ネットにワクワク(ネットワーク)

しすぎて背中が曲(曲線)がる

施工管理での工程表には、ガントチャート工程表、バーチャート工程表、ネットワーク式工程表、曲線式工程表の４種類がある。

■工程表の種類と特徴

バーチャート（横線式）	•横軸に日数をとるので各作業の所要日数がわかり、作業の流れが左から右へ移行しているので作業間の関連を漠然と把握することができる。 •他の工種との相互関係、手順、及び各工種が全体の工期に及ぼす影響等が明確ではない。 •簡単な工事で作業数の少ない場合に適しているが、複雑な工事では作成・変更・読取りが難しい。 •工事全体の進捗状況を表現することができないため、工程管理曲線を併記することにより、全体工程の進捗状況を把握できる。
ガントチャート（横線式）	•各作業の完了時点を100%として、横軸にその達成度をとる方法で、各作業の進捗度合いは明確であるが、工期に影響を与える作業がどれか不明である。 •各作業の作業手順や、所要日数も不明である。

ネットワーク式	•各作業の進捗状況及び他作業への影響や全体工期に対する影響を把握でき、どの作業を重点管理すべきか明確にできる。 •数多い作業の中でどの作業が全体の工程を最も強く支配し、時間的に余裕のない経路であるかをあらかじめ確認することができる。 •ダム工事など大型で複雑な工事で精度の高い工程計画・管理を行うために用いられることが多く、工程遅延の処置をする場合に、どの作業をどの程度早めたらよいかを的確に判断することができる。 •各作業の順序を明確に表示でき、各作業に含まれる余裕時間の状況も把握できるが、作業の数が多くなるにつれ煩雑《はんざつ》化する。
斜線式 （座標式）	•縦軸に工期（日数）をとり、横軸に区間（距離）を表したものである。 •トンネル工事のように工事区間が線上に長く、しかも工事の進行方向が一定の方向にしか進捗できない工事に適している。 •トンネル工事など路線に沿った工事では、進行状況など工事内容を確実に示すことができるが、平面的で広がりのある工事の場合は、各工種の相互関係を明確に示しにくい。
グラフ式	•横軸に工期を、縦軸に各作業の出来高比率を表示したものである。 •予定と実績の差を直視的に比較でき、施工中の作業の進捗状況もよくわかる。 •どの作業が未着手か、施工中か、完了したのかが一目瞭然である。
曲線式	•工事の進捗状況などを管理するために、出来高累計曲線・工程管理曲線が用いられる。 •各作業の手順、所要日数、工期に与える影響は不明である。

■工程管理曲線（バナナ曲線）を用いた工程管理

予定工程曲線が許容限界からはずれる場合	•一般に不合理な工程計画と考えられるので、再検討を要する。
予定工程曲線が許容限界内にある場合	•中期における工程をできるだけ緩勾配となるように調整する。
実施工程曲線が上方限界を超えた場合	•工程が進み過ぎているので、必要以上に大型機械を入れているなど、不経済となっていないかを検討する。
実施工程曲線が下方限界を超えた場合	•工程遅延により突貫工事が不可避となるおそれがあるので、根本的な施工計画の再検討が必要である。
実施工程曲線が許容限界内にある場合	•中期における工程をできるだけ緩勾配となるように調整する。

Lesson 07

ネットワーク式工程表

フロート

コーヒーフロート
（フロート）

飲む余裕
（余裕時間）

フロートとは、工事全体の作業日数に影響を与えない余裕時間のことである。

■ネットワーク式工程表に関する用語

イベント（結合点）	• 作業と作業を結合する点。対象工事の開始点・終了点。 • イベントは、時間的には0である。
最早開始時刻（EST）	• 作業を始めうる最も早い時刻。 • 先行作業群の最早終了時刻の内で最も時間の多いもの。
最早終了時刻（EFT）	• 作業を終了しうる最も早い時刻。 • 最早開始時刻＋作業日数
最遅開始時刻（LST）	• 対象工事の工期に影響のない範囲で作業を最も遅く開始してもよい時刻（遅くとも開始しなければならない時刻）。 • 後続の最遅終了時刻－作業日数
最遅終了時刻（LFT）	• 対象工事の工期に影響のない範囲で作業を最も遅く終了してもよい時刻（遅くとも終了しなければならない時刻）。 • 後続作業群の最遅終了時刻で最も時間の少ないもの－作業日数

クリティカルパス（CP）	• 各ルートのうち、最も長い日数を要するルート。 • トータルフロートが0の作業をつないだもの。
トータルフロート（TF）	• 当該作業の最遅終了時刻－当該作業の最早終了時刻
フリーフロート（FF）	• その作業の中で使い切っても後続作業のフロートに全く影響を与えない。 • 後続作業の最早開始時刻－当該作業の最早終了時刻
ディペンデントフロート（DF）	• 後続作業のトータルフロートに影響を与える。 • トータルフロート－フリーフロート

■ネットワーク式工程表の見方

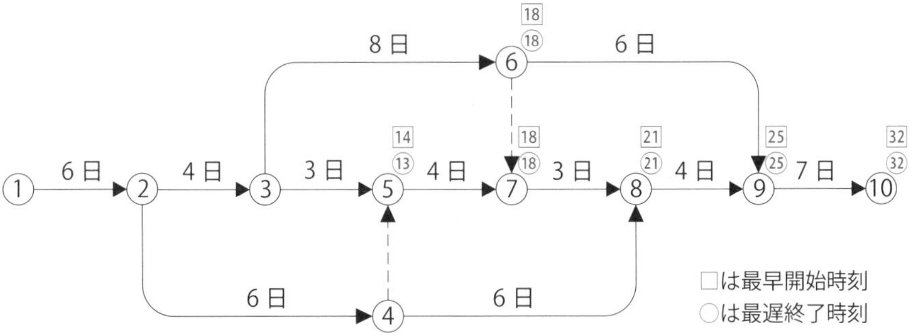

• 作業⑥→⑨の最遅終了時刻

⑩の最遅終了時刻－作業日数

（6＋4＋8＋3＋4＋7）－7＝25日

• 作業⑦→⑧の最早開始時刻

⑥の最早終了時刻が最大

6＋4＋8＝18日

• 作業⑤→⑦のフリーフロート

⑦の最早開始時刻－⑤→⑦の最早終了時刻

（6＋4＋8）－（6＋4＋3＋4）＝1日

• 作業⑥→⑨のトータルフロート

⑨の最遅終了時刻－⑥→⑨の最早終了時刻

（6＋4＋8＋3＋4＋7－7）－（6＋4＋8＋6）＝1日

• クリティカルパス

①→②→③→⑥→⑦→⑧→⑨→⑩

Lesson 08 労働災害の防止対策

特定元方事業者の労働災害防止措置

競技の調整
（協議会の設置・運営、作業間の連絡・調整）

巡査が援助
（作業場所の巡視、安全衛生教育の指導・援助）

特定元方事業者が講ずべき措置には、協議会の設置・運営、作業間の連絡・調整、作業場所の巡視、安全衛生教育の指導・援助などがある。

■安全衛生教育

- 事業者は、労働者を雇い入れたとき、または労働者の作業内容を変更したときは、当該労働者に対し、遅滞なく、その従事する業務に関する安全または衛生のための教育を行わなければならない。
- 事業者は、新たに職務につくこととなった職長その他の作業中の労働者を直接指導または監督する者（作業主任者を除く）に対し、安全または衛生のための教育を行わなければならない。
- 特定元方事業者は、関係請負人が行う労働者の安全または衛生のための教育に対する指導及び援助を行わなければならない。

安全衛生教育の主な内容

- 機械等、原材料等の危険性または有害性及びこれらの取扱い方法に関すること。
- 安全装置、有害物抑制装置または保護具の性能及びこれらの取扱い方法に関すること。
- 作業手順に関すること。
- 作業開始時の点検に関すること。
- 当該業務に関して発生するおそれのある疾病の原因及び予防に関すること。
- 整理、整頓及び清潔の保持に関すること。
- 事故時等における応急措置及び退避に関すること。

新規入場者教育

・関係請負人は、その雇用する労働者が建設現場で新たに作業に従事することとなった場合には、当該作業従事前に、現場の状況、担当する作業内容、立入禁止区域、安全作業等について十分な教育を行わなければならない。

■特別の教育

・事業者は、危険または有害な業務に労働者をつかせるときは、当該業務に関する安全または衛生のための特別の教育を行わなければならない。

特別の教育を必要とする業務の例

・研削といしの取替えまたは取替え時の試運転の業務
・アーク溶接機を用いて行う金属の溶接、溶断等の業務
・ドラグ・ショベルにクレーン機能を備え付けた機械（つり上げ荷重１t未満の移動式クレーン）で行うつり上げの業務

・事業者は、特別教育を行なったときは、当該特別教育の受講者、科目等の記録を作成して、これを３年間保存しておかなければならない。

■労働災害防止措置を講じるべき者

・特定元方事業者は、その労働者及び関係請負人の労働者の作業が同一の場所において行われることによって生ずる労働災害を防止するため、必要な措置を講じなければならない。
・建設業の仕事を自ら行う注文者は、建設物、設備または原材料を、当該仕事を行う場所においてその請負人の労働者に使用させるときは、当該労働者の労働災害を防止するため必要な措置を講じなければならない。
・特定元方事業者以外の請負人で、当該仕事を自ら行うものは、特定元方事業者の措置義務に応じて、必要な措置を講じなければならない。
・機械等を他の事業者に貸与する者は、当該機械等の貸与を受けた事業者の事業場における当該機械等による労働災害を防止するため必要な措置を講じなければならない。
・事業者は、作業主任者の選任を必要としない建築物・橋梁・足場等の組立て・解体・変更の作業を行う場合でも、墜落により労働者に危険を及ぼすおそれのあるときは、作業を指揮する者を指名して、その者に直接作業を指揮させなければならない。

Lesson 09

安全衛生管理体制・健康管理

総括安全衛生管理者・統括安全衛生責任者

ソースかつ 100 人前
(総括)　(100 人以上)

とんかつ 50 人前
(統括)　(50 人以上)

総括安全衛生管理者は常時 100 人以上、統括安全衛生責任者は常時 50 人以上の事業場に選任。

■安全衛生管理体制

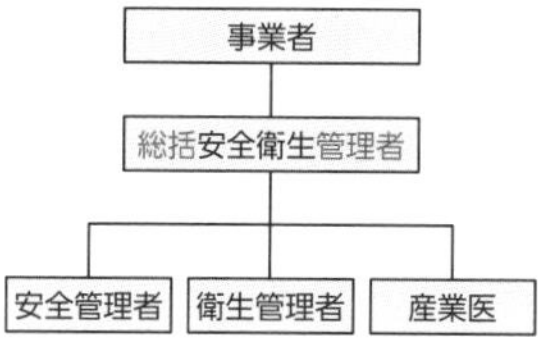

単一企業 100 人以上の事業場

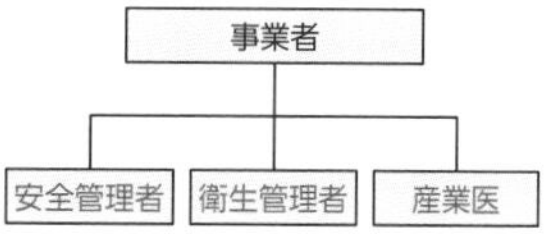

単一企業 50 人以上の事業場

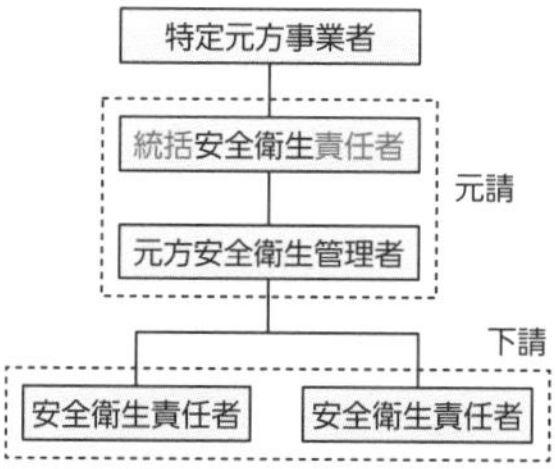

元請・下請合わせて
常時 50 人以上の事業場

■総括安全衛生管理者の主な職務

- 労働者の危険または健康障害を防止するための措置に関すること。
- 労働者の安全または衛生のための教育の実施に関すること。
- 健康診断の実施その他健康の保持増進のための措置に関すること。
- 労働災害の原因の調査及び再発防止対策に関すること。

■健康管理

健康診断

- 事業者は、常時使用する労働者を雇い入れるときは、医師による健康診断から3箇月を経過しない者で診断結果を証明する書面の提出を受けた場合を除き、所定の項目について健康診断を行わなければならない。
- 事業者は、原則として常時使用する労働者に対し、1年以内ごとに1回、定期に、医師による健康診断を行わなければならない。
- 事業者は、さく岩機等の使用によって身体に著しい振動を与える業務等に常時従事する労働者に対し、当該業務への配置替えの際及び6箇月以内ごとに医師による健康診断を行わなければならない。

その他事業者が講じるべき措置

- 事業者は、休憩時間を除き1週間当たり40時間を超えて労働させた場合、その超えた時間が1月当たり80時間を超え、かつ、疲労の蓄積が認められる労働者の申出により、医師による面接指導を行わなければならない。
- 事業者は、常時特定粉じん作業に係る業務に労働者を就かせるときは、粉じんの発散防止及び作業場所の換気方法、呼吸用保護具の使用方法等について特別の教育を行わなければならない。
- 事業者は、酸素欠乏症等のおそれのある業務に労働者を就かせるときは、当該労働者に対し、特別の教育を行わなければならない。
- 事業者は、ずい道等の坑内作業等に常時労働者を従事させる場合は、原則として有効な呼吸用保護具を使用させなければならない。
- 事業者は、一定の危険性・有害性が確認されている化学物質を取り扱う場合には、事業場におけるリスクアセスメントを行わなければならない。

プラスα　異常気象時の安全対策

- 警報及び注意報が解除され、中止前の作業を再開する場合には、作業開始前に、工事現場に危険がないか入念に点検する。

Lesson 10

型枠支保工・足場の安全対策

作業床の床材の幅

作業は
(作業床)

予鈴がなるまで
(40cm)

皆さん
(3cm)

スッキリ片付けしましょう
(隙間)

作業床の床材の幅は40cm以上とし、つり足場の場合を除き床材間の隙間は3cm以下とする。

■型枠支保工の安全対策

- 型枠支保工の材料については、著しい損傷、変形または腐食があるものを使用してはならない。
- 型枠支保工を組み立てるときは、支柱、はり、つなぎ、筋かい等の部材の配置、接合の方法及び寸法が示されている組立図を作成し、かつ、当該組立図により組み立てなければならない。
- 型枠支保工には、垂直荷重に加え水平荷重を考慮することとし、水平荷重の作用位置は支保工の上端とする。
- 支柱の脚部の固定、根がらみの取付け等支柱の脚部の滑動を防止するための措置を講ずる。
- 支柱の継手は、突合せ継手または差込み継手とし、鋼材と鋼材との接続部及び交差部は、ボルト、クランプ等の金具を用いて緊結する。
- 型枠が曲面のものであるときは、控えの取付け等当該型枠の浮き上がりを防止するための措置を講ずる。

- 鋼管枠を支柱として用いる場合は、鋼管枠と鋼管枠との間に交差筋かいを設ける。
- コンクリートの打設作業を行うときは、その日の作業を開始する前に、当該作業に係る型枠支保工について点検し、異常を認めたときは補修する。
- 型枠支保工の組立て・解体の作業を行うときは、当該作業を行う区域には、関係労働者以外の労働者の立ち入りを禁止する。
- 強風、大雨、大雪等の悪天候のため、作業の実施について危険が予想されるときは、当該作業に労働者を従事させない。

■足場の安全対策

- 墜落により労働者に危険を及ぼすおそれのある箇所に設けるわく組足場以外の足場の場合、手すりの高さは 85cm 以上とする。
- 高さ 2m 以上の作業場所には作業床を設け、作業床の床材の幅は 40cm 以上とし、つり足場の場合を除き床材間のすき間は 3cm 以下とする。
- 作業のため物体が落下することにより、労働者に危険を及ぼすおそれのあるときは、高さ 10cm 以上の幅木、メッシュシートもしくは防網等を設ける。
- 鋼管足場の脚部には、ベース金具を用い、かつ敷板・敷角を用い、根がらみを設ける等の措置を講ずる。
- 単管足場の壁つなぎの間隔は、垂直方向 5m 以下、水平方向 5.5m 以下とする。
- 壁つなぎとして引張材と圧縮材とで構成されている場合、引張材と圧縮材との間隔は 1m 以内とする。
- 単管足場の建地の間隔は、けた方向 1.85m 以下、はり間方向 1.5m 以下とする。
- 単管足場の地上第１の布は、2m 以下の位置に設置する。
- 単管足場の建地間の積載荷重は、400kg を限度とする。

■足場の組立て等作業主任者の職務

- 材料の欠点の有無を点検し、不良品を取り除くこと。
- 器具、工具、要求性能墜落制止用器具及び保護帽の機能を点検し、不良品を取り除くこと。
- 作業の方法及び労働者の配置を決定し、作業の進行状況を監視すること。
- 要求性能墜落制止用器具及び保護帽の使用状況を監視すること。

プラスα　移動はしご・移動式足場

- 移動はしごを使用した作業では、すべり止め装置の取り付けその他転位の防止を行う。
- 移動式足場に労働者を乗せて移動してはならない。

Lesson 11

墜落等による危険の防止

酸素欠乏症及び硫化水素中毒対策

酸欠の
（酸素欠乏症）

リュウキンに
（硫化水素中毒対策）

防毒マスクをつけちゃだめ
（防毒マスクを使用させない）

酸素欠乏症及び硫化水素中毒が予想される場所では、防毒マスク・防じんマスクは効果がないので、使用させてはならない。

■作業床

- 事業者は、高さが 2m 以上の作業床の端、開口部等で墜落により労働者に危険を及ぼすおそれのある箇所には、囲い、手すり、覆い等を設けなければならない。
- 高さが 2m 以上の作業床の開口部等で墜落の危険のおそれがある箇所に、囲い等を設けることが著しく困難なときは、安全ネットを張り、労働者に要求性能墜落制止用器具を使用させる。
- 作業床上の開口部の覆いの上には、原則として材料などを置かないこととし、その旨を表示する。

■要求性能墜落制止用器具

- 足場及び鉄骨の組立、解体時には、要求性能墜落制止用器具が容易に使用できるよう親綱《おやづな》等の設備を設ける。
- 親綱は、支柱スパンを 10m 以下とし、このスパンで複数の労働者が同時に親綱に要求性能墜落制止用器具のフックを掛けさせないようにする。
- フックは、万一の墜落の際の衝撃を軽減させるため、腰より高い位置に掛けるようにする。

- 高さ 2m 以上の作業床設置が困難な箇所で、フルハーネス型の墜落制止用器具を用いて行う作業は、特別教育を受けた者が行う。

注意 • 技能講習ではない！

■安全ネット（防網）

- 溶接や溶断の火花、破れ等で破損した安全ネットは、その破損部分が補修されていない限り使用しない。
- 安全ネットは、人体またはこれと同等以上の重さの落下物による衝撃を受けたものは使用してはならない。
- 安全ネットは、使用開始後 1 年以内及びその後 6 箇月以内ごとに 1 回、定期に試験用糸についての等速引張試験を行い、所定の強度があることを確認する。
- 安全ネットの損耗が著しい場合、安全ネットが有毒ガスに暴露された場合等においては、安全ネットの使用後に試験用糸について等速引張試験を行う。
- 安全ネットの支持点の間隔は、ネット周辺からの墜落による危険がないものでなければならない。
- 安全ネットには、製造者名、製造年月、仕立《したて》寸法、網目、新品時の網糸《あみいと》の強度を見やすい箇所に表示しておく。
- 安全ネットの落下高さとは、作業床等と安全ネットの取付け位置の垂直距離をいう。
- 安全ネットの取付け位置と作業床等との間の許容落下高さは、ネットを単体で用いる場合と複数のネットをつなぎ合わせて用いる場合では異なる。

■保護具

- 保護帽の着装体（ハンモック、ヘッドバンド、環ひも）を交換するときは、同一メーカーの同一形式の部品を使用する。
- 手袋は、ボール盤等の回転する刃物に手などが巻き込まれるおそれがある作業の場合は使用してはならない。
- 安全靴は、つま先部に大きな衝撃を受けた場合は、外観のいかんにかかわらず、速やかに交換する。
- 防毒マスク及び防じんマスクは、酸素濃度不足が予想される酸素欠乏危険作業では、絶対に使用してはならない。
- 防毒マスク、防じんマスク、保護帽、要求性能墜落制止用器具は、厚生労働大臣が定める規格を具備しなければ、譲渡、貸与、使用をしてはならない。

プラスα　監視員の配置

- やむを得ず高さ 3m 以上の高所から物体を投下する場合には、飛来落下の防止装置として、投下設備を設け、立入禁止区域を設定し、監視員を配置して行う。

Lesson 12

掘削作業の安全対策

掘削面の勾配

見ごとに砂掘り
（35度・砂からなる地山）

夜ごとに崩壊
（45度・崩壊しやすい地山）

手掘りにより、砂からなる地山の掘削作業を行うときは、掘削面の勾配を35度以下とし、崩壊しやすい状態になっている地山の場合は、45度以下とする。

■明り掘削

- 手掘りにより、砂からなる地山の掘削作業を行うときは、掘削面の勾配を35度以下とし、または掘削面の高さを5m未満とする。
- 手掘りにより、発破等により崩壊しやすい状態になっている地山の掘削作業を行うときは、掘削面の勾配を45度以下とし、または掘削面の高さを2m未満とする。
- 点検者を指名して、作業箇所及びその周辺の地山について、その日の作業を開始する前、大雨の後及び中震以上の地震の後、発破を行った後、浮石及びき裂の有無及び状態並びに含水、湧水及び凍結の状態の変化を点検させる。
- 掘削面の高さが2m以上となる地山の掘削作業を行う場合は、地山の掘削及び土止め支保工作業主任者技能講習を修了した者のうちから、地山の掘削作業主任者を選任しなければならない。
- 地山の崩壊または土石の落下により労働者に危険を及ぼすおそれのあるときは、あらかじめ、土止め支保工を設け、防護網を張り、労働者の立入りを禁止する等の措置を講じなければならない。

- 明り掘削の作業により露出したガス導管の損壊により労働者に危険を及ぼすおそれのある場合は、つり防護、受け防護等による当該ガス導管の防護を行わなければならない。
- 掘削機械、積込機械及び運搬機械の使用によるガス導管、地中電線路その他地下に存する工作物の損壊により労働者に危険を及ぼすおそれのあるときは、これらの機械を使用してはならない。
- 明り掘削の作業を行うときは、あらかじめ、運搬機械、掘削機械及び積込機械の運行の経路並びにこれらの機械の土石の積卸《つみおろ》し場所への出入の方法を定めて、これを関係労働者に周知させなければならない。
- 運搬機械等が、労働者の作業箇所に後進して接近するとき、または転落するおそれのあるときは、誘導者を配置し、その者にこれらの機械を誘導させなければならない。
- 明り掘削の作業を行う場所については、当該作業を安全に行うため必要な照度を保持しなければならない。

■地山の掘削作業主任者の職務

- 作業の方法を決定し、作業を直接指揮すること。
- 器具及び工具を点検し、不良品を取り除くこと。
- 要求性能墜落制止用器具等及び保護帽の使用状況を監視すること。

■建設工事公衆災害防止対策要綱

土留工を必要とする掘削

- 切取り面にその箇所の土質に見合った勾配を保って掘削できる場合を除き、掘削の深さが 1.5m を超える場合には、原則として、土留工を施す。
- 掘削深さが 4m を超える場合、周辺地域への影響が大きいことが予想される場合等重要な仮設工事においては、親杭横矢板、鋼矢板等を用いた確実な土留工を施す。

杭・鋼矢板等の根入れ

- 重要な仮設工事にあっては、原則として根入れ長は、杭の場合においては 1.5m、鋼矢板等の場合においては 3.0m を下回ってはならない。

Lesson 13

各種土工事の安全対策

ずい道等の建設作業における避難訓練

100 名に１人
(100m に達するまでに１回)

ムカつくから避難
(6 月以内ごとに１回避難訓練)

ずい道等の切羽までの距離が 100m に達するまでの期間内に１回、及びその後 6 月以内ごとに１回、避難訓練を行わなければならない。

■土止め支保工

- 土止め支保工を組み立てるときは、あらかじめ、組立図を作成し、かつ、当該組立図により組み立てなければならない。
- 切りばり及び腹おこしは、脱落を防止するため、矢板、くい等に確実に取り付ける。
- 火打ちを除く圧縮材の継手は、突合せ継手とする。

注意・重ね継手ではない！

- 切りばりまたは火打ちの接続部及び切りばりと切りばりとの交さ部は、当て板をあててボルトにより緊結し、溶接により接合する等の方法により堅固なものとする。
- 中間支持柱を備えた土止め支保工にあっては、切りばりを当該中間支持柱に確実に取り付ける。
- 切りばりまたは腹おこしの取付け・取外しの作業を行う箇所には、関係労働者以外の労働者の立入禁止措置を講じ、材料、器具または工具を上げ、またはおろすときは、つり綱、つり袋等を使用させる。

- 土止め支保工を設けたときは、その後７日を超えない期間ごと、中震以上の地震の後及び大雨等により地山が急激に軟弱化するおそれのある事態が生じた後に点検し、異常を認めたときは、直ちに、補強・補修を行わなければならない。

■ずい道等の建設工事の安全作業

- ずい道等の建設の作業を行うときには、点検者を指名して、ずい道等の内部の地山について、毎日及び中震以上の地震の後、浮石及びき裂の有無及び状態並びに含水及び湧水の状態の変化を点検させなければならない。
- 落盤、出水等による労働災害発生の急迫した危険があるときは、直ちに作業を中止し、労働者を安全な場所に退避させなければならない。
- ずい道等の内部における可燃性ガスの濃度が爆発下限界の値の30%以上であることを認めたときは、直ちに、労働者を安全な場所に退避させ、火気その他点火源となるおそれのあるものの使用を停止し、かつ、通風、換気等の措置を講じなければならない。

■急傾斜地での掘削

- 地山の崩壊または土石の落下により労働者に危険を及ぼすおそれがあるときは、地山を安全な勾配とし、落下のおそれのある土石を取り除く等の措置を講ずる。
- 斜面の切り落とし作業は、原則として上部から下部へ切り落とすこととし、すかし掘りは絶対に行わない。
- 斜面の岩盤に節理などの岩の目があり、法面の方向と一致している流れ盤である場合、岩盤は、この目に沿ってすべりやすいので注意する。
- 水平方向に長く連続して掘削することは避け、ブロックに分けて分断施工を行う。
- １つのブロックを掘削した場合には、放置せずに、速やかに擁壁コンクリートを打設する。
- 浮石や湧水などの毎日の地山点検は、指名された点検者が行い、危険箇所には、立入禁止の措置をする。

Lesson 14 危険・有害業務の安全管理

作業環境測定が必要な作業場

獅子奮迅の活躍で
（粉じん）

大汗かいて酸欠　勇気あるよう
（暑熱・多湿）　（酸素欠乏）（有機溶剤）

作業環境測定が必要な作業場には、土石等の粉じんを著しく発散する屋内作業場、暑熱・寒冷・多湿の屋内作業場、酸素欠乏危険場所において作業を行う場合の作業場、有機溶剤の製造取扱いを行う屋内作業場などがある。

■酸素欠乏症等防止規則

用語の定義

酸素欠乏	• 空気中の酸素の濃度が 18%未満である状態。
酸素欠乏等	• 酸素欠乏の状態または空気中の硫《りゅう》化《か》水素の濃度が 10ppm を超える状態。
酸素欠乏症	• 酸素欠乏の空気を吸入することにより生ずる症状が認められる状態。
硫化水素中毒	• 硫化水素の濃度が 10ppm を超える空気を吸入することにより生ずる症状が認められる状態。
酸素欠乏症等	• 酸素欠乏症または硫化水素中毒。

作業環境測定

• 事業者は、有害な業務を行う作業場で法令で定めるものについて、その日の作業を開始する前に、空気中の酸素濃度等、必要な作業環境測定を行わなければならない。

作業環境測定を行うべき作業場の例

- ケーブル、ガス管その他地下に敷設される物を収容するための暗きょ、マンホールまたはピットの内部
- 雨水、河川の流水または湧水が滞留しており、または滞留したことのある槽、暗きょ、マンホールまたはピットの内部

換気

- 事業者は、酸素欠乏危険作業に労働者を従事させる場合は、原則として、当該作業を行う場所の空気中の酸素の濃度を18%以上に保つように換気しなければならない。

人員の点検

- 事業者は、酸素欠乏危険作業に労働者を従事させるときは、労働者を当該作業を行う場所に入場させ、及び退場させる時に、人員を点検しなければならない。

立入禁止

- 事業者は、酸素欠乏危険場所またはこれに隣接する場所で作業を行うときは、酸素欠乏危険作業に従事する者以外の者が当該酸素欠乏危険場所に立ち入ることについて、禁止する旨を見やすい箇所に表示することその他の方法により禁止するとともに、表示以外の方法により禁止したときは、当該場所が立入禁止である旨を見やすい箇所に表示しなければならない。

作業主任者

- 事業者は、酸素欠乏・硫化水素危険作業主任者技能講習を修了した者のうちから、酸素欠乏危険作業主任者を選任しなければならない。

作業主任者の職務

- 作業に従事する労働者が酸素欠乏の空気を吸入しないように、作業の方法を決定し、労働者を指揮すること。
- その日の作業を開始する前、作業に従事するすべての労働者が作業を行う場所を離れた後再び作業を開始する前及び労働者の身体、換気装置等に異常があったときに、作業を行う場所の空気中の酸素の濃度を測定すること。
- 測定器具、換気装置、空気呼吸器等その他労働者が酸素欠乏症にかかることを防止するための器具または設備を点検すること。
- 空気呼吸器等の使用状況を監視すること。

退避

- 事業者は、作業場所において酸素欠乏等のおそれが生じたときは、直ちに作業を中止し、作業に従事する者をその場所から退避させなければならない。

Lesson 15

建設機械の安全管理

車両系建設機械の作業

バケツをつるしたまま
（バケットを上げたまま）

持ち場を離れちゃだめだよ
（運転位置を離れてはならない）

車両系建設機械の運転者が運転位置から離れるときは、バケットを地上に下ろし、建設機械の逸走を防止しなければならない。

■技能講習修了者を就業させる主な業務

- つり上げ荷重が 5t 未満の移動式クレーンの運転の業務
- 可燃性ガス及び酸素を用いて行う金属の溶接・溶断・加熱の業務
- 最大荷重が 1t 以上のフォークリフトの運転の業務（道路上を走行させる運転を除く）
- 機体重量が 3t 以上の整地・運搬・積込み用機械、掘削用機械、基礎工事用機械、解体用機械の運転の業務（道路上を走行させる運転を除く）
  注意 • 締固め用機械は含まない！
- 最大荷重が 1t 以上のショベルローダまたはフォークローダの運転の業務（道路上を走行させる運転を除く）
- 最大積載量が 1t 以上の不整地運搬車の運転の業務（道路上を走行させる運転を除く）
- 作業床の高さが 10m 以上の高所作業車の運転の業務（道路上を走行させる運転を除く）
- つり上げ荷重が 1t 以上のクレーン、移動式クレーン、デリックの玉掛けの業務

■車両系荷役運搬機械等の安全対策

- 車両系荷役運搬機械等を用いて作業を行うときは、あらかじめ、作業計画を定め、かつ、当該作業計画により作業を行わなければならない。
- フォークリフトやショベルローダ等の車両系荷役運搬機械には、作業上で必要な照度が確保されている場合を除き、前照灯及び後照灯を備える必要がある。
- 荷台にあおりのある不整地運搬車に労働者を乗車させるときは、荷の移動防止の歯止め措置や、あおりを確実に閉じる等の措置を講ずる必要がある。
- 路肩、傾斜地等で車両系建設機械を用いて作業を行う場合、当該車両系建設機械の転倒・転落により労働者に危険が生ずるおそれのあるときは、誘導者を配置し、その者に当該車両系建設機械を誘導させなければならない。
- 路肩、傾斜地等で車両系建設機械の転倒・転落により運転者に危険が生ずるおそれのある場所においては、転倒時保護構造を有し、かつ、シートベルトを備えたもの以外の車両系建設機械を使用しないように努めなければならない。
- 誘導者を配置し、その者に当該車両系建設機械を誘導させるときを除き、運転中の車両系建設機械に接触することにより労働者に危険が生ずるおそれのある箇所に、労働者を立ち入らせてはならない。
- 車両系建設機械の運転者が運転位置を離れる際は、原則として、原動機を止め、かつ、走行ブレーキをかける等の逸走を防止する措置を講じなければならない。
- 車両系建設機械を用いて作業を行うときは、乗車席以外の箇所に労働者を乗せてはならない。
- 車両系建設機械のブームやアームを上げ、その下で修理や点検作業を行う場合は、労働者の危険を防止するため、安全支柱、安全ブロック等を使用させなければならない。

■作業指揮者の指名が必要なもの

- 車両系荷役運搬機械等を用いる作業
- 車両系荷役運搬機械等の修理またはアタッチメントの装着・取外しの作業
- １の荷でその重量が 100kg 以上のものを不整地運搬車、構内運搬車、貨物自動車に積む作業または不整地運搬車から卸す作業
- コンクリートポンプ車の輸送管等の組立て・解体
- くい打機、くい抜機またはボーリングマシンの組立て・解体・変更または移動
- 高所作業車を用いる作業
- 高所作業車の修理または作業床の装着・取外しの作業

Lesson 16

移動式クレーンの安全確保

定格荷重

蒸《ふ》かした野菜代から
（負荷の最大荷重）

おつりを引いたのが
（つり具の重量）

定価だよ
（定格荷重）

移動式クレーンの定格荷重とは、負荷させることができる最大荷重から、フックの重量・その他つり具等の重量を差し引いた荷重である。

■用語の定義

つり上げ荷重	•移動式クレーンの構造及び材料に応じて負荷させることができる最大の荷重。
定格荷重	•移動式クレーンの構造及び材料並びにジブの傾斜角及び長さ等に応じて負荷させることができる最大の荷重から、つり具の重量に相当する荷重を控除した荷重。

■就業制限

業務内容	資　格
つり上げ荷重が 1t 以上の移動式クレーンの運転の業務	移動式クレーン運転士免許
つり上げ荷重が 1t 以上 5t 未満の移動式クレーン（小型移動式クレーン）の運転の業務	小型移動式クレーン運転技能講習修了

■クレーン等安全規則の諸規定

巻過《まきすぎ》防止装置

- 巻過防止装置は、フック、グラブバケット等のつり具の上面が接触するおそれのある物の下面との間隔が 0.25m 以上（直働式は 0.05m 以上）となるように調整しておかなければならない。
- 巻過防止装置を具備しないクレーンについては、巻上げ用ワイヤロープに標識を付すること、警報装置を設けること等巻上げ用ワイヤロープの巻過ぎによる労働者の危険を防止するための措置を講じなければならない。

定格荷重

- 移動式クレーンにその定格荷重を超える荷重をかけて使用してはならない。
- 移動式クレーンを用いて作業を行うときは、移動式クレーンの運転者及び玉掛けをする者が当該移動式クレーンの定格荷重を常時知ることができるよう、表示その他の措置を講じなければならない。

アウトリガー等の張り出し

- 移動式クレーンに掛ける荷重が当該移動式クレーンのアウトリガーまたはクローラの張り出し幅に応じた定格荷重を下回ることが確実に見込まれるときを除き、アウトリガーまたはクローラは、最大限に張り出さなければならない。

運転の合図

- 移動式クレーンの運転者に単独で作業を行わせるときを除き、移動式クレーンの運転について一定の合図を定め、合図を行う者を指名して、その者に合図を行わせなければならない。

搭乗の制限

- 原則として、移動式クレーンにより、労働者を運搬し、または労働者をつり上げて作業させてはならない。
- 作業の性質上やむを得ない場合または安全な作業の遂行上必要な場合は、移動式クレーンのつり具に専用の搭乗設備を設けて、それに労働者を乗せることができる。

立入禁止

- 移動式クレーンの上部旋回体と接触することにより労働者に危険が生ずるおそれのある箇所に労働者を立ち入らせてはならない。
- 所定の場合、つり上げられている荷の下に労働者を立ち入らせてはならない。

強風時の作業中止

- 強風のため、移動式クレーンに係る作業の実施について危険が予想されるときは、当該作業を中止しなければならない。

運転位置からの離脱の禁止

- 移動式クレーンの運転者を、荷をつったままで、運転位置から離れさせてはならない。

プラスα　クレーン機能を備えた車両系建設機械

- クレーン機能を備えた車両系建設機械を用いてクレーン作業を行う場合は、移動式クレーンと同様の資格が必要となる。

Lesson 17

埋設物・架空線近接工事の安全管理

埋設物の露出

マイ節分は
(埋設物)

芋ほりとつり堀で
(布掘り・つぼ掘り)

埋設物が確認されたら、布掘りまたはつぼ掘りで露出させる。

■埋設物に近接して行う工事

- 埋設物が予想される箇所では、施工に先立ち、台帳に基づいて試掘を行い、埋設物の種類・位置・規格・構造などを原則として目視により確認する。
- 試掘によって埋設物を確認した場合は、その位置（平面・深さ）等を、道路管理者及び埋設物の管理者に報告し、埋設物の深さは、原則として標高で表示する。 注意 ・土かぶりの厚さの寸法ではない！
- 工事中に管理者の不明な埋設物を発見した場合、埋設物に関する調査を再度行い、当該管理者の立会を求め、安全を確認した後に処置する。
- 道路上で杭、矢板等を打設する場合は、埋設物のないことが明確である場合を除き、埋設物の予想される位置を深さ 2m 程度まで試掘し、埋設物が確認されたら、布掘りまたはつぼ掘りを行い露出させる。
- 道路上で工事中に埋設物が露出した場合は、事前協議で定められた方法によって埋設物を防護し、工事中の損傷及び公衆災害の防止に努めるとともに、常に点検等を行う。

- 露出した埋設物には、物件の名称、保安上の必要事項、管理者の連絡先等を記載した標示板を取り付ける等により、工事関係者等に対し注意を喚起する。
- 埋設物が露出時にすでに破損していた場合は、直ちに起業者及びその埋設物の管理者に連絡し、修理等の措置を求める。

注意 ・自らの判断で修理するのではない！

- 埋設物に近接して掘削を行う場合は、周囲の地盤のゆるみ、沈下等に十分注意しながら、必要に応じて、埋設物管理者とあらかじめ協議し、埋設物の保安に必要な措置を講ずる。
- 埋設物に近接する箇所で明り掘削作業を行う場合は、埋設物の損壊などにより労働者に危険を及ぼすおそれのあるときには、埋設物の補強、または移設する等の措置を講じた後でなければ、当該作業を行ってはならない。
- 明り掘削で露出したガス導管のつり防護等の作業には、作業指揮者を指名し、その者の直接の指揮のもとに作業を行う。
- 掘削機械、積込機械及び運搬機械の使用によるガス導管や地中電線路等の損壊により労働者に危険を及ぼすおそれがある場合は、これらの機械を使用してはならない。

■架空線に近接して行う工事

- 工事現場における架空線等上空施設については、施工に先立ち、種類・場所・高さ・管理者等を現地調査により事前確認する。
- 架空線等上空施設に近接して工事を行う場合は、必要に応じてその管理者に施工方法の確認や立会いを求める。
- 架空線等上空施設に近接した工事の施工にあたっては、架空線等と機械、工具、材料等について安全な離隔を確保する。
- 上記の措置が困難なときは、監視人を置き、作業を監視させる。
- 架空線の近接箇所で建設機械のブーム操作やダンプトラックのダンプアップを行う場合は、防護カバーや看板の設置、立入禁止区域の設定などを行う。
- 架空電線に近接する場所で建設工事を行う場合、感電の危険が生ずるおそれのあるときは、充電電路の移設、感電の危険を防止する囲いの設置、または充電電路への絶縁用防護具の装着のいずれかの措置を講ずる。

Lesson 18

解体作業・異常気象時の安全対策

悪天候の定義

恐怖の 10 名
(強風・毎秒 10m 以上)

アメリカ行き
(大雨・大雪)

5 時 25 分発は　しんどいよん
(50mm 以上・25cm 以上)　(震度 4 以上)

悪天候とは、10 分間の平均風速 10m 以上の強風、1 回の降雨量が 50mm 以上の大雨、1 回の降雪量が 25cm 以上の大雪、震度階級 4 以上の地震などをいう。

■コンクリート構造物の解体作業

圧砕機及び大型ブレーカによる取壊し	• 解体する構造物からコンクリート片の飛散・落下範囲及び構造物自体の倒壊・崩落範囲を予測し、作業員、建設機械を安全な作業位置に配置する。 • 建設機械と作業員の接触を防止するため、誘導員を適切な位置に配置する。
カッタによる取壊し	• 撤去側躯体ブロックへのカッタ取付けを禁止するとともに、切断面付近にシートを設置して冷却水の飛散防止をはかる。 • ブレード、防護カバーを確実に設置し、特にブレード固定用ナットは十分に締め付ける。
ウォーター ジェットによる取壊し	• 取壊し対象物周囲に防護フェンスを設置するとともに、ウォータージェットの水流が取壊し対象物の裏側に貫通するので立入禁止とする。 • 病院、民家などが隣接している場合にはノズル付近に防音カバーを使用したり、周辺に防音シートによる防音対策を実施する。

ワイヤソーによる取壊し	• 切断の進行に合わせ、適宜切断面へのキャンバー打ち込み、ずれ止めの設置を行う。
転倒方式による取壊し	• 縁切り、転倒作業は、必ず一連の連続作業で実施し、その日のうちに終了させ、縁切りした状態で放置してはならない。 • 解体する主構造部に複数本の引きワイヤを堅固に取付け、引きワイヤで加力する際は、一度に荷重をかけるようにして行う。

■静的破砕剤工法と大型ブレーカ工法の併用作業による橋梁下部構造の解体作業

- 穿孔径については、削岩機などを用いて破砕リフトの計画高さまで穿孔し、適用可能径の上限を超えていないか確認する。
- 静的破砕剤の練混ぜ水は、清浄な水を使用し、適用温度範囲の上限を超えないように注意する。
- 大型ブレーカの作業では、解体ガラの落下・飛散による事故防止のため立入禁止の措置を講じる。
- 大型ブレーカを用いる二次破砕、小割りは、静的破砕剤の充填後、ひび割れが発生した後に行う。

■異常気象時の安全対策

- 予期しない強風が吹き始めた場合は、特に高所作業は作業を一時中止するとともに、物の飛散防止措置を施し、安全確保のため監視員・警戒員を配置し、警戒する。
- 大雨などにより、大型機械などの設置してある場所への冠水流出、地盤の緩み、転倒のおそれなどがある場合は、早めに適切な場所への退避または転倒防止措置をとる。
- 洪水が予想される場合は、各種救命用具などを緊急の使用に際して即応できるように準備しておく。
- 警報及び注意報が解除された場合は、入念な点検を終えてから作業を再開する。
- 電気発破作業においては、雷光と雷鳴の間隔が短いときは、作業を中止し、安全な場所に退避させ、雷雲が直上を通過した後も、雷光と雷鳴の間隔が長くなるまで作業を再開しない。

Lesson 19

品質管理

品質管理の手順

先に言っとくぜい
(品質特性)

さあギョッとする前に品定め
(作業標準)　(品質標準)

品質管理は、先に品質特性を決め、その後に品質標準、作業標準を決める。

■品質管理

品質管理の目的

- 契約約款、設計図書などに示された規格を満足するような構造物を最も経済的に施工すること。

品質管理における留意点

- 構造物に要求される品質は、一般に設計図書に規定されており、この品質を満たすためには、何を品質管理の対象項目とするかを決める必要がある。
- 品質管理は、ある作業を制御していく品質の統制から、施工計画立案の段階で管理特性を検討し、それを施工段階でつくり込むプロセス管理の考え方である。
- 品質管理では、目標を定めて、その目標に最も早く近づくための合理的な計画を立て、それを実行に移すことが大切である。
- 品質管理では、公正な試験による試験値、正確な現場測定値をもとに統計的手法を活用して行うことが大切である。
- 品質管理は、品質特性を決めてから、品質標準を決め、作業標準に従って作業を実施し、データを取るという手順で行う。

品質特性	• 設計図及び仕様書に定められた構造物の品質に重要な影響を及ぼすものを選ぶ。
品質標準	• 現場施工の際に実施しようとする品質の目標であり、目標の設定にあたっては、ばらつきの度合いを考慮する。
作業標準	• 品質標準を実現するための各段階における作業の具体的な管理方法や試験方法を決める。

■品質特性の選定

- 構造物の品質に及ぼす影響が大きく、測定しやすい特性のものを選ぶ。
- 工程上管理しやすく、かつ、早期に測定結果のわかる品質特性を選ぶ。
- 工程の状態を総合的に表すことができ、工程に対して処置をとりやすい特性のものを選ぶ。
- 品質特性として代用特性を用いる場合は、目的としている品質特性と代用特性との関係が明確であるものを選ぶ。

■施工における品質管理

- 施工の途中に各種試験を行い、品質が所定の目標を満足しない場合には必要な措置をとり、品質の確保をはかる。
- 測定値が規格値を満足しない場合は、品質に異常が生じたものとして、その原因を追及し、再発しないよう処置する。

■工種・品質特性・試験方法

工　種	品質特性	試験方法
土工	支持力値	平板載荷試験
コンクリート工	スランプ	スランプ試験
路盤工	支持力	CBR 試験
	締固め度	現場密度の測定
アスファルト舗装工	安定度	マーシャル安定度試験

管理図・品質マネジメントシステム

ヒストグラムの見方

ヒステリックな奥様
（ヒストグラム）

気持ちに余裕がないときは
（余裕がないとき）

心のバラツキをまとめて
（バラツキを小さく）

製品のバラツキが規格の上限値、下限値と一致していて、余裕がないときは、バラツキを小さくする必要がある。

■管理図

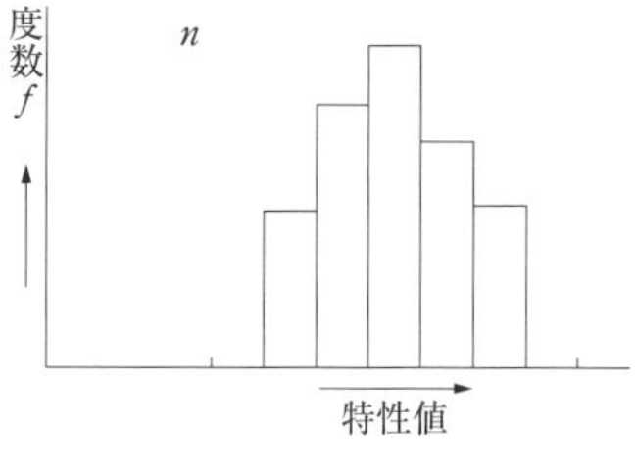

ヒストグラム

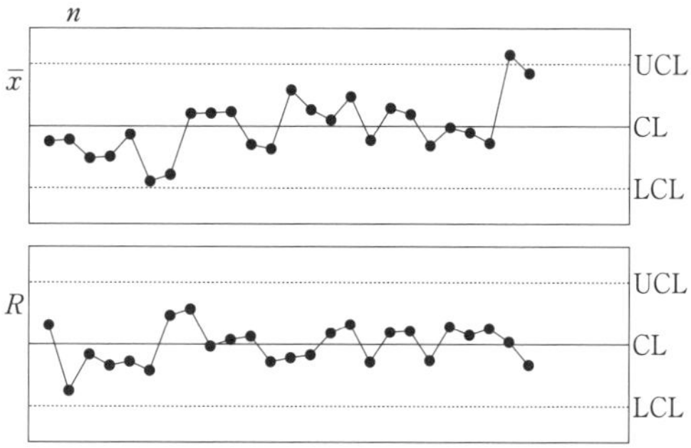

$\bar{x}$-R 管理図

ヒストグラム	• データの存在する範囲をいくつかの区間に分け、それぞれの区間に入るデータの数を度数として高さに表した図である。 • 規格値に対してどのような割合で規格の中に入っているか、規格値に対してどの程度ゆとりがあるかを判定できる。

$\bar{x}$-R 管理図	• 中心線（CL）と上方管理限界線（UCL）及び下方管理限界線（LCL）で表した図である。 • R は群の範囲、$\bar{x}$ は群の平均を表し、R 管理図では分布を管理し、$\bar{x}$ 管理図では平均値の変化を管理するものである。

■ ISO 9000 ファミリー規格の品質マネジメントシステム

顧客重視	• 現在及び将来の顧客ニーズを理解し、顧客要求事項を満たし、顧客の期待を越えるように努力すべきである。
リーダーシップ	• リーダーは、人々が組織の目標を達することに十分に参画できる内部環境を創りだし、維持すべきである。
人々の参画	• すべての階層の人々は組織にとって根本的要素であり、その全面的な参画によって、組織の便益のためにその能力を活用することが可能となる。
プロセスアプローチ	• 活動及び関連する資源が１つのプロセスとして運営管理されるとき、望まれる結果がより効率よく達成される。
マネジメントへのシステムアプローチ	• 相互の関連するプロセスを１つのシステムとして、明確にし、理解し、運営管理することが組織の目標を効果的で効率よく達成することに寄与する。
継続的改善	• 組織の総合的パフォーマンスの継続的改善を組織の永遠の目標とすべきである。
意思決定への事実に基づくアプローチ	• 効果的な意思決定は、データ及び情報の分析に基づいている。
供給者との互恵関係	• 組織及びその供給者は独立しており、両者の互恵関係は両者の価値創造能力を高める。

■トップマネジメントの役割

- 顧客及びその他の利害関係者の要求事項を満たし、適切なプロセスを実施することを確実にする。
- 品質目標を達成するために、効果的で効率のよい品質マネジメントシステムが確立され、実施・維持されることを確実にする。
- 品質マネジメントシステムの有効性の継続的な改善に対するコミットメントをする。
- 品質マネジメントシステムの改善のための処置を決定する。
- 認識や動機付け及び参画を高めるために、品質方針や品質目標を組織全体に周知徹底させる。

Lesson 21

盛土の締固め管理

品質規定方式・工法規定方式

瀕死の
（品質規定）

紙面
（締固め度）

広報は
（工法規定）

種類と数で
（機種・回数）

盛土の品質管理において、品質規定方式は、盛土の締固め度などを規定する方法であり、工法規定方式は、使用する締固め機械の機種や締固め回数、敷均し厚さなどを規定する方法である。

■ TS（トータルステーション）・GNSS（衛星測位システム）を用いた盛土の締固め管理

- 地形条件や電波障害の有無などを事前に調査して、システムの適用の可否を確認する。
- 盛土の施工仕様（まき出し厚や締固め回数）は、使用予定材料のうち全ての種類ごとの材料について、事前に試験施工で決定する。
- 盛土に使用する材料は、事前に土質試験で品質を確認し、試験施工でまき出し厚や締固め回数を決定した材料と同じ土質材料であることを確認する。
- 盛土に使用する材料の含水比については、所定の締固め度が得られる含水比の範囲であることを確認し、補助データとして施工当日の気象状況も記録する。

- 締固め機械の走行位置をリアルタイムに計測し、締固め回数を確認する。
- 盛土材料を締め固める際は、原則として盛土施工範囲の全ブロックについて、モニタに表示される締固め回数分布図が、規定回数だけ締め固めたことを示す色になることを確認する。

■品質規定方式

- 締固め度を規定し、現場で測定された締固め土の乾燥密度と室内で行う締固め試験から得られた最大乾燥密度から締固めの良否を判定する。

品質規定方式の例

- 砂置換法により密度を測定する方法
- RI 計器により密度・含水比を測定する方法
- プルーフローリングにより変形量を測定する方法
- 急速乾燥法により含水量を測定する方法

■工法規定方式

- 使用する締固め機械の機種、まき出し厚、締固め回数などの工法を、事前に現場の試験施工において、品質基準を満足する施工仕様を求めて規定する。

工法規定方式の例

- TS・GNSS を用いて、締固め機械の走行記録をもとに管理する方法

■品質管理項目・試験及び測定方法・適用土質

品質管理項目	試験及び測定方法	適用土質
強度・変形	平板載荷試験	礫質土・砂質土・粘性土
	プルーフローリング	砂質土・粘性土
支持力	現場 CBR 試験	砂質土・粘性土
含水量	RI 法	砂質土・粘性土

Lesson 22

道路工事の品質管理(1)

路床の敷均し厚さ

和尚が肩慣らし
(路床の敷均し)

仕上げは球速 20 キロ以下
(仕上り厚・20cm 以下)

道路の構築路床の敷均し厚さは、
仕上り厚で 20cm 以下とする。

■道路の構築路床の品質確保のための留意点

- 構築路床の安定処理は、路上混合方式で行い、所定の締固め度が得られることが確認できれば、全層を 1 層で仕上げる。
- 盛土路床の 1 層の敷均し厚さは、仕上り厚で 20cm 以下とする。
- 置換え工法及び凍上抑制層の 1 層の敷均し厚さは、仕上り厚で 20cm 以下とする。
- 路床の表面から 30cm 程度以内に木根、転石等の路床の均一性を損なうものがある場合には、これらを取り除いて仕上げる。

■道路路床盛土の品質管理

品質特性	土質試験名
施工含水比	土の含水比試験
乾燥密度（締固め度）	土の単位体積質量試験（RI 計器・砂置換法）
支持力値	平板載荷試験・現場 CBR 試験
たわみ量	たわみ量試験

■道路路盤工の品質管理

品質特性	試験方法
最大乾燥密度	締固め試験
現場密度	土の単位体積質量試験（RI 計器・砂置換法）
支持力値	平板載荷試験・現場 CBR 試験

■路床・路盤の品質管理に用いられる試験方法

砂置換法	• 路床・路盤の現場密度を求めることを目的として実施する。 • 密度が既知の砂を採取した試料と置き換えることにより、対象とする路床の密度を測定する。
RI 計器による密度測定	• 路床や路盤などの現場において、締め固められた材料の密度及び含水比を求めることを目的として実施する。
プルーフローリング試験	• 路床のたわみ量を判定することを目的として実施する。 注意 • トラフィカビリティーの判定ではない！
ベンケルマンビームによる測定	• 路床のたわみ量を測定する目的として実施する。 注意 • 平坦性を測定するのではない！
平板載荷試験	• 路床の支持力を表す指標の１つである支持力係数の測定を行うことを目的として実施する。

■道路構築路床でのプルーフローリング試験の実施

- 試験実施に際しては、荷重車を走行させる前に路床、路盤面の含水状況を観察して、できるだけ一様な含水条件の路床、路盤面で行う。
- 試験は、仕上がった路床、路盤面に荷重車を人間が歩く程度の速度で走行させ、荷重車の約 2 ～ 3m 後方または斜め後方から、目視により路床、路盤面の変位状況を確認する。
- 追加転圧では、追加転圧用の荷重車により 3 回以上転圧し、その後たわみ測定用の荷重車により路床面を部分走行させ、たわみ量を観察し、不良箇所を確認する。
- 不良と思われる箇所については、必要に応じてベンケルマンビームによるたわみ量測定を行い、路床の許容量を超過する場所においては良質材で置換えなどを行う。

Lesson 23

道路工事の品質管理(2)

アスファルト舗装の試験

平坦なプロフィール（横顔）
（平坦性・3m プロフィルメータ）

コマーシャルで安定
（マーシャル安定度試験・安定度）

アスファルト舗装の平坦性は3m プロフィルメータにより測定し、安定度はマーシャル安定度試験により確認する。

■道路のアスファルト舗装の品質管理

- 下層路盤の締固め度の管理は、試験施工あるいは工程の初期におけるデータから、所定の締固め度を得るのに必要な転圧回数が求められた場合、締固め回数により管理することができる。
- 表層、基層の締固め度の管理は、通常切取りコアの密度を測定して行うが、コア採取の頻度は工程の初期は多めに、それ以降は少なくして、混合物の温度と締固め状況に注意して行う。
- セメント安定処理路盤の品質管理は、セメント量の定量試験または使用量により管理する。
- 管理の合理化をはかるためには、密度や含水比などを非破壊で測定する機器を用いたり、作業と同時に管理できる敷均し機械や締固め機械などを活用したりする。

試験の頻度

- 各工程の初期においては、各項目に関する試験の頻度を適切に増し、その時点の作業員や施工機械などの組合せにおける作業工程を速やかに把握する。
- 工事途中で作業員や施工機械等の組合せを変更する場合は、品質管理の各項目に関する試験頻度を増し、新たな組合せによる品質の確認を行う。
- 品質管理の結果を工程能力図にプロットし、限界をはずれた場合や、一方に片寄っているなどの結果が生じた場合には、直ちに試験頻度を増して異常の有無を確認する。
- 各工程の進捗にともない、管理の限界を十分満足することが明確になったら、品質管理の各項目に関する試験頻度を適宜減らしてもよい。

■道路舗装工事の品質管理

アスファルト舗装の品質特性・試験方法

品質特性	試験方法
針入度	針入度試験
安定度	マーシャル安定度試験
平坦性	3m プロフィルメータによる測定
たわみ量	FWD（フォーリングウェイトデフレクトメータ）による測定

測定対象・品質特性・試験機器

測定対象	品質特性	試験機器
アスファルト混合物	耐流動性（動的安定性）	ホイールトラッキング試験機
コンクリート舗装	コンシステンシー	スランプコーン
舗装路面	耐摩耗性	ラベリング試験器

各種路盤の検査

施工対象	品質検査項目	検査方法
粒度調整路盤	締固め度・粒度	砂置換法・骨材ふるい分け試験
セメント安定処理路盤	粒度	骨材のふるい分け試験
瀝青安定処理路盤	アスファルト量	アスファルト抽出試験
石灰安定処理路盤	締固め度	砂置換法

プラスα　FWD によるたわみ量測定

- 道路や空港などの現位置における舗装構成層の各層の支持力特性の推定、舗装構造評価などを目的として実施する。

Lesson 24

レディミクストコンクリートの受入れ検査

スランプの許容差

8歳以上18歳以下なら
(8cm以上18cm以下)

2杯半までおかわり自由
(±2.5cmが許容差)

レディーミクストコンクリートの受入れ検査において、スランプの許容差は、購入者が指定した値が8cm以上18cm以下の場合、±2.5cmである。

■スランプ試験

- スランプ試験は、1回/日、または構造物の重要度と工事の規模に応じて20～150m^{3}ごとに1回、及び荷卸し時に品質の変化が認められた時に行う。
- スランプ試験では、最初の試験で許容範囲に入っていなくても、再試験で許容範囲に入っていれば、合格と判定してよい。

スランプの許容差（単位：cm）

スランプ	許容差
5以上8未満	±1.5
8以上18以下	±2.5

スランプフローの許容差（単位：cm）

スランプフロー	許容差
50	±7.5
60	±10

■空気量の許容差

- 空気量の許容差は、コンクリートの種類にかかわらず、±1.5%である。

■塩化物イオン含有量試験

- 塩化物イオン量の試験回数は、海砂を使用する場合は2回/日、その他の場合は1回/週とする。
- 荷卸し時の塩化物イオン量は、原則として0.30kg/m^3以下であり、購入者の承認を受けた場合は0.60kg/m^3以下とすることができる。

■温度測定試験

打込み時のコンクリート温度

暑中コンクリート	35℃以下
寒中コンクリート	5～20℃

■単位水量測定試験

- コンクリートの単位水量の試験回数は、1回/日、または20～150m^3ごとに1回及び荷卸し時に品質の変化が認められた時に行う。

■強度試験

- 1回の強度試験結果は、購入者が指定した呼び強度の強度値の85%以上、3回の強度試験結果の平均値は、購入者が指定した呼び強度の強度値以上でなければならない。

■コンクリートの品質管理

- 配合計画書に示されるコンクリート中のアルカリ総量の計算結果が3.0kg/m^3以下であれば、アルカリ骨材反応対策がとられていると判定してよい。
- 呼び強度が50～60のコンクリートは、高強度コンクリートに区分される。
- 呼び強度55及び60のコンクリートは、スランプではなくスランプフローが規定されている。
- 呼び強度が36以下の普通コンクリートには、JISに適合するスラッジ水を練混ぜ水に用いてもよい。
- 呼び強度が36以下の普通コンクリートには、JISに規定される再生骨材Hを用いてもよい。 注意 ・再生骨材Mは、使用してはならない！
- 高強度コンクリート以外であれば、JISに規定されるスラグ骨材を用いてもよい。

Lesson 25

コンクリート構造物の品質管理（1）

リバウンドハンマによる測定

リバウンド量測るなら

厚さ 10cm 以上の
（厚さ 100mm 以上）

ところにして

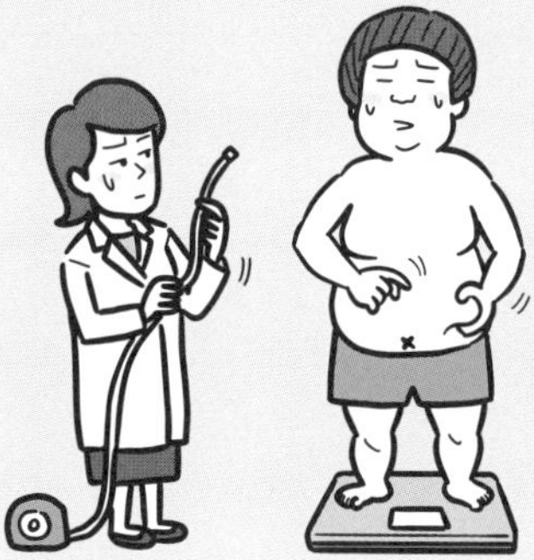

リバウンドハンマによる測定箇所の厚さは、100mm 以上とする。

■コンクリート構造物の非破壊検査

検査対象	検査方法
配筋・かぶり	• 電磁波レーダ法 • 電磁誘導法 • X 線法
強度	• リバウンドハンマ法 • 超音波法 • 衝撃弾性波法
施工不良・浮き・剥離	• 打音法 • 衝撃弾性波法 • 電磁波レーダ法 • 赤外線法
ひび割れ	• 超音波法 • 衝撃弾性波法 • X 線法
鉄筋腐食	• 電気化学的方法

■リバウンドハンマによる強度測定方法

- リバウンドハンマは、使用に先立ち、テストアンビルを用いて点検を行う。
- 測定面は、仕上げ層や上塗り層がある場合は、これを取り除いてから測定する。
- 測定箇所は、厚さ 100mm 以上の床版・壁部材、１辺の長さが 150mm 以上の断面をもつ柱・はり部材とする
- 測定箇所は、構造物の端部から 50mm 以上離れた内部に設定する。
- １箇所の測定は、測定箇所の間隔を互いに 25 ～ 50mm 確保して９点測定する。
- リバウンドハンマが側底面に常に直角になるよう保持しながら、ゆっくりと押して打撃を起こさせる。
- 反発度のみで精度良く強度推定を行うことは困難なので、コアを採取して行う圧縮強度試験と併用する。

■プレキャストコンクリート構造物の接合施工

- 接合面にモルタルを打ち込んで接合する場合は、施工前に接合面を十分に吸水させる。
- 接合面に接着剤を用いる場合は、施工前に接合面を十分に乾燥させる。
- 接着剤を用いる場合は、接着面を仮接合したあとは、引張応力が作用しないように接着剤が硬化するまで適度な圧縮応力を与えるようにする。
- エポキシ樹脂接着剤は、コンクリート温度が低すぎると粘度が高くなり硬化反応も遅くなることから、使用温度に適したものを選んで使用する。
- ダクトの接合を有する接合目地では、雨水や凍結防止剤の散布の影響を受けやすいので、防水処理を施す必要がある。
- ボルト締めにより接合する方法は、部材の製造や接合時に、高精度な寸法管理や設置管理が必要になる。

■型枠に作用するコンクリートの側圧

- コンクリートの単位容積質量が小さいほど、側圧は小さい。
- 打込み速度が遅いほど、側圧は小さい。
- 気温が高いほど、側圧は小さい。
- 高流動コンクリートでは、普通コンクリートよりも側圧は大きい。

Lesson 26

コンクリート構造物の品質管理（2）

ねじ節鉄筋継手

鰹節に　納豆をかけて
（ねじ節鉄筋継手・ナット）

食らう
（グラウト）

ねじ節鉄筋継手には、グラウトを充填して固定するものと、ナットで締め付けて固定するものがある。

■鉄筋の加工及び組立の誤差

鉄筋の中心間隔		± 20mm
全長に対する寸法		± 20mm
鉄筋の有効高さ		± 3%または± 30mm のうち小さいほうの値
鉄筋のかぶり	スラブ	± 5mm
	梁	± 10mm
	柱及び橋脚	± 15mm

■機械式鉄筋継手

- 機械式鉄筋継手の継手単体の特性は、一方向引張試験や弾性域正負繰返し試験時の引張強度やすべり量によって確認される。

モルタル充填継手

- 継手用スリーブと鉄筋がグラウトを介して力を伝達する。
- 継手の施工前に、鉄筋の必要挿入長さを示す挿入マークの位置・長さなどについて、目視または必要に応じて計測により全数確認する。
- 施工後のモルタル充填継手では、モルタルが排出孔から排出していることを確認する。
- 施工後の検査は、原則として抜取検査法とし、鉄筋の挿入長さの超音波測定検査を行い、プロセス管理や外観検査が適正に行われているか否かを確認する。

ねじ節鉄筋継手
- 内面にねじ加工されたカプラーによって接合する。
- カプラー内の鉄筋のねじ節とカプラーのねじとのすきまにグラウトを充填硬化させて固定する方法とカプラー両側に配置されたナットにトルクを与えて締め付けて固定する方法がある。
- ねじ節鉄筋継手部では、カプラーに有害な損傷がないこと、挿入マークが施されていること及びカプラー端が挿入マークの所定の位置にあることなどの外観検査を行う。

■鉄筋の手動ガス圧接継手の検査
- 圧接部の検査は、抜取検査による超音波探傷検査と全数検査による外観検査によって実施する。
- 超音波探傷試験による検査では、送信探触子から超音波を発信した際、圧接面で反射して受信探触子で受信される反射波の強さが、一定以上大きくなる場合に不合格と判定される。
- 超音波探傷検査で不合格と判定された場合は、圧接部を切り取って再圧接するか、添筋で補強する。
- 外観検査で、圧接面のずれが規定値を超える場合は、不合格となった圧接部を切り取って再圧接する。
- 外観検査で圧接部に明らかな折曲がりが確認され不合格と判定された場合は、再加熱して修正し、再度外観検査を行う。
- 圧接部のふくらみの直径や長さが規定値に満たない場合は、再加熱し、加圧して所定のふくらみに修正し、外観検査を行う。
- 熱間押抜ガス圧接継手部では、圧接部の膨らみの長さ、オーバーヒートによる表面不整、膨らみを押し抜いた後の圧接面に対応する位置の圧接部表面の割れ、へこみなどの外観検査を行う。
- 熱間押抜法以外の鉄筋のガス圧接継手の検査としては、超音波探傷法を用いる。

Lesson 27

周辺環境対策

濁水処理

チンドン屋が
（沈殿処理）

集まってるちゅうわ
（凝集処理）（中和処理）

濁水処理方法には、沈殿処理、凝集処理、中和処理などがある。

■環境保全対策

- 建設工事にあたっては、事前に地域住民に対して工事の目的、内容、環境保全対策などについて説明を行い、工事の実施に協力が得られるよう努める。
- 周辺環境の保全に対する検討事項としては、騒音、振動、粉塵、大気汚染等がある。
- 粉塵発生の防止を図るため、工事箇所における散水や粉塵ネットの設置を行う。
- 土砂を運搬する時は、飛散を防止するために荷台のシートかけを行うとともに、作業場から公道に出る際にはタイヤに付着した土の除去などを行う。

■水質汚濁対策

- 建設工事からの排出水は、一時的なものであっても明らかに河川、湖沼、海域などの公共水域を汚濁するものならば、水質汚濁防止法に基づく排水基準に従って濁水を処理して放流しなければならない。

- 発生した濁水は、浄化処理して放流するが、その際、濁水量が多いほど処理が困難となるため、処理が不要な清水は、できるだけ濁水と分離する。
- 濁水処理により発生する汚泥は、産業廃棄物として、施工業者の責任で適正に処分しなければならない。
- 切土や盛土の法面からの濁水発生防止対策として、法面侵食防止剤の散布、種子やコンクリートの吹付け、永久緑化などをできるだけ早期に行う。
- 濁水は、切土面や盛土面の表流水として発生することが多いことから、できるだけ切土面や盛土面の面積が小さくなるよう計画する。

濁水処理

- 濁水処理方法には、沈殿処理、凝集処理、中和処理などがある。
- 自然沈殿法は、一般に沈澱池の規模が大きくなるので規制の緩い場合や処理水の多いときに用いる。
- 凝集沈殿法の凝集剤は、通常、一次凝集剤として無機凝集剤を使用し、二次凝集剤として有機凝集剤を併用する。
- 中和処理では、中和剤として硫酸、塩酸または炭酸ガスが使用され、硫酸を過剰供給すると強酸性となり危険である。
- 雨水や湧水に土砂・セメントなどが混入することにより発生する濁水の処理は、SS（浮遊物質）の除去及びセメント粒子の影響によるアルカリ性分の中和が主となる。

濁水処理設備

- 濁水処理設備は、濁水中の諸成分（SS、pH、油分、重金属類、その他有害物質など）を河川または下水の放流基準値以下まで下げるための設備である。
- 建設工事に伴って発生する濁水に対して処理が必要になる場合には、工事に先立って経済的で効果的な濁水処理装置を設置しなければならない。
- 土壌浄化工事においては、投入する土砂の粒度分布によりSS濃度が変動し、洗浄設備の制約からSSは高い値になるので脱水設備が大型になる。

プラスα　pH 測定

- pH測定には、タンクなどに設置する浸漬形と、パイプラインに組み込む流通形の2種類がある。

Lesson 28

騒音・振動対策

土工における騒音・振動対策

うるさい！

バケツをガンガン
(バケット)

打ち付けるな！
(衝撃力)

バケットの衝撃力で、爪をくい込ませたり、付着した粘性土をふるい落としたりしてはならない。

■騒音・振動の防止対策

- 建設工事周辺地域の生活環境を損なわないように、住民の生活に影響の少ない時間帯を作業時間とし、低騒音・低振動の建設機械の整備を適正に行う。
- 騒音・振動の大きさを下げるほか、発生期間を短縮するなど全体的に影響が小さくなるように検討する。
- 現場の施工条件に適した機種の選定は、経済性、施工性、安全性はもとより、騒音や振動による環境問題の重要性を認識して決定する。

騒音対策

- 騒音の対策方法には、大きく分けて、発生源での対策、伝搬経路での対策、受音点での対策があるが、建設工事では、受音点での対策は一般的でない。
- 音源対策、伝搬防止対策を実施しても、低減量が目標に達しない場合には、受音側で防音対策を行う。
- 遮音壁は、音が直進する性質を利用して騒音低減をはかるもので、遮音壁が長いほど、より高い効果が期待できる。

- ブレーカによりコンクリート構造物を取り壊す場合は、騒音対策を考慮し、必要に応じて作業現場の周囲に防音シート・防音パネルを設置する。
- 建設機械を稼働させる場合は、建設機械の整備、エンジンの空ぶかし、不要なアイドリングの禁止などの騒音対策を実施する。
- 騒音対策型ブルドーザは、走行時の騒音がハイアイドル時の騒音よりかなり大きく、走行速度に比例して増大する。
- ブルドーザを用いて掘削押し土を行う場合には、無理な負荷をかけないようにし、後進時の高速走行を避ける。
- バックホゥにより定置して掘削を行う場合は、できるだけ水平にすえつけ、片荷重によるきしみ音を出さないようにする。
- 建設機械の内燃機関が音源となって発生する騒音は、音の有無と作業の効率にあまり関係なく、機械の性能を損なうことがないので、低騒音型の機械との入れ替えができる。
- 電気を動力とする設備などの騒音対策は、発動発電機の使用よりも、可能な限り商用電源の使用を検討する。

振動対策

- 建設工事に伴う地盤振動は、施工方法や建設機械の種類によって大きく異なることから、発生振動レベル値の小さい機械や工法を選択する。
- 土工機械での振動は、機械の運転操作や走行速度によって発生量が異なるため、不必要な機械操作や走行は避け、その地盤に合った最も振動の発生量が少ない機械操作を行う。

■建設機械・工法の選定

- 油圧式の方が、空気式より騒音が小さい。
- タイヤ式の方が、クローラ（履帯）式より騒音・振動が小さい。
- 杭の埋込み工法の方が、打込み工法より騒音・振動が小さい。

プラスα　情報化施工

- 情報化施工では、ブルドーザなどのブレードをGPSやTSを利用して自動制御することにより、均し作業の回数が有人の場合より少なくてすむため、機械の作業時間が短くなり、工事に伴うCO_2の排出を抑制することができる。

Lesson 29

建設副産物のリサイクル

特定建設資材

コンコン鉄ちゃん
（コンクリート、コンクリート＋鉄）

ぼくは　明日来ん
（木材、アスファルト・コンクリート）

「建設リサイクル法」の特定建設資材に該当するのは、コンクリート、コンクリート及び鉄から成る建設資材、木材、アスファルト・コンクリートの４種類である。

■建設リサイクル法の用語

建設資材	• 建設工事に使用する資材。
建設資材廃棄物	• 建設資材が廃棄物となったもの。 例）• 解体工事によって生じたコンクリート塊、建設発生木材等や、新設工事によって生じたコンクリート、木材の端材等。
分別解体等	• 建築物等の解体工事については、建築物等に用いられた建設資材に係る建設資材廃棄物をその種類ごとに分別しつつ当該工事を計画的に施工する行為。 • 建築物等の新築工事等については、当該工事に伴い副次的に生ずる建設資材廃棄物をその種類ごとに分別しつつ当該工事を施工する行為。
再資源化	• 分別解体等に伴って生じた建設資材廃棄物について、資材または原材料として利用することができる状態にする行為。 • 分別解体等に伴って生じた建設資材廃棄物であって燃焼の用に供することができるものまたはその可能性のあるものについて、熱を得ることに利用することができる状態にする行為。

特定建設資材	•コンクリート　•コンクリート及び鉄から成る建設資材 •木材　•アスファルト・コンクリート

■建設リサイクル法の諸規定

建設業を営む者の責務

• 建設業を営む者は、建築物等の設計及びこれに用いる建設資材の選択、建設工事の施工方法等を工夫することにより、建設資材廃棄物の発生を抑制するとともに、分別解体等及び建設資材廃棄物の再資源化等に要する費用を低減するよう努めなければならない。
• 建設業を営む者は、建設資材廃棄物の再資源化により得られた建設資材を使用するよう努めなければならない。

発注者の責務

• 発注者は、その注文する建設工事について、分別解体等及び建設資材廃棄物の再資源化等に要する費用の適正な負担、建設資材廃棄物の再資源化により得られた建設資材の使用等により、分別解体等及び建設資材廃棄物の再資源化等の促進に努めなければならない。

分別解体等実施義務

• 特定建設資材を用いた建築物等に係る解体工事またはその施工に特定建設資材を使用する新築工事等における対象建設工事の受注者または自主施工者は、正当な理由がある場合を除き、分別解体等をしなければならない。

対象建設工事の基準

①建築物の解体工事…当該建築物の床面積の合計が 80m² 以上
②建築物の新築・増築の工事…当該建築物の床面積の合計が 500m² 以上
③上記②以外の建築物の新築工事等…請負代金の額が 1 億円以上
④建築物以外の解体工事・新築工事等…請負代金の額が 500 万円以上

対象建設工事の届出等

• 対象建設工事の発注者または自主施工者は、工事に着手する日の 7 日前までに、次に掲げる事項を都道府県知事に届け出なければならない。
①解体工事の場合は、解体する建築物等の構造
②新築工事等の場合は、使用する特定建設資材の種類
③工事着手の時期及び工程の概要
④分別解体等の計画
⑤解体工事の場合は、解体する建築物等に用いられた建設資材の量の見込み

プラスα　建設発生土

• 発注者、元請業者及び自主施工者は、適切な工法の選択等により、建設発生土の発生の抑制に努め、その現場内利用の促進等により搬出の抑制に努めなければならない。

Lesson 30

廃棄物処理

廃棄物処理

神木君
（紙くず・木くず）

繊細
（繊維くず）

こころのかけら
（コンクリートの破片）

おでこに
（汚泥）

はい、プラス
（廃プラスチック類）

産業廃棄物には、工作物の新築・改築・除去に伴って生じる紙くず、木くず、繊維くず、コンクリートの破片や、汚泥、廃プラスチック類などがある。

■廃棄物処理法の諸規定

- 産業廃棄物とは、事業活動に伴って生じた廃棄物のうち、燃え殻、汚泥、廃油、廃酸、廃アルカリ、廃プラスチック類その他政令で定める廃棄物をいう。

事業者の処理

- 産業廃棄物の収集・運搬に当たっては、産業廃棄物が飛散し、流出しないようにし、悪臭、騒音または振動によって生活環境の保全上支障が生じないように必要な措置を講じなければならない。
- 事業者は、その産業廃棄物が運搬されるまでの間、環境省令で定める技術上の基準に従い、生活環境の保全上支障のないようにこれを保管しなければならない。
- 事業者は、その事業活動に伴い産業廃棄物を生ずる事業場の外において、自ら当該産業廃棄物の保管を行おうとするときは、非常災害のために必要な応急措置として行う場合等を除き、あらかじめ、その旨を都道府県知事に届け出なければならない。

- 事業者は、産業廃棄物の運搬を委託する場合には、他人の産業廃棄物の運搬を業として行うことができる者であって、委託しようとする産業廃棄物の運搬がその事業の範囲に含まれるものに委託しなければならない。
- 上記の委託契約は、書面により行わなければならない。
- 事業者は、産業廃棄物の運搬または処分を委託する場合には、当該産業廃棄物の処理の状況に関する確認を行い、発生から最終処分が終了するまでの一連の処理の行程における処理が適正に行われるために必要な措置を講ずるように努めなければならない。
- 多量排出事業者は、当該事業場に係る産業廃棄物の減量その他その処理に関する計画を作成し、都道府県知事に提出しなければならない。

■産業廃棄物管理票（マニフェスト）

- 排出事業者は、その産業廃棄物の運搬または処分を他人に委託する場合には、産業廃棄物の引渡しと同時に、受託した者に対し、産業廃棄物の種類及び数量、受託した者の氏名または名称等所定の事項を記載した産業廃棄物管理票（以下、管理票）を交付しなければならない。
- 産業廃棄物の運搬を受託した者は、当該運搬を終了したときは、交付された管理票に所定の事項を記入し、管理票を交付した者にその写しを送付しなければならない。
- 管理票の交付者は、産業廃棄物の運搬または処分が終了したことを管理票の写しにより確認し、その写しを定められた期間保管しなければならない。
- 管理票の交付者は、管理票に関する報告書を作成し、これを都道府県知事に提出しなければならない。
- 管理票の交付者は、管理票の写しが定められた期間に送付されない場合、処理を委託した廃棄物の状況を把握し、適切な措置を講じ、報告書を都道府県知事に提出しなければならない。

■産業廃棄物の最終処分場

安定型最終処分場	• 安定型産業廃棄物の廃プラスチック類、ゴムくず、金属くず、ガラス・陶磁器くず、がれき類を処理できる。
遮断型最終処分場	• 環境省令で定める判定基準を超える有害物質を含む燃え殻、ばいじん、汚泥を埋立処分できる。
管理型最終処分場	• 工作物の新築・改築・除却に伴って生ずる紙くず、木くず、繊維くず、廃油（タールピッチ類に限る）を埋立処分できる。

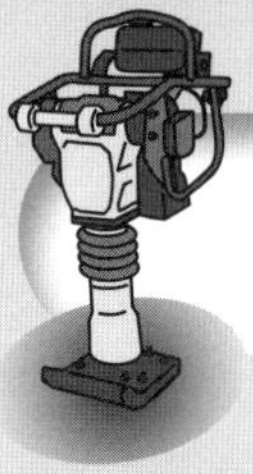

覚えておきたい数値

道路路床の仕上り厚さ	20cm 以下
コンクリートの練混ぜ開始から打ち終わるまでの時間	外気温 25℃以下　2 時間以内 外気温 25℃超　　1.5 時間以内
コンクリート中のアルカリ総量	3.0kg/m^3 以下
砂防えん堤の基礎地盤への根入れ深さ	岩盤基礎　1m 以上 砂礫基礎　2m 以上
交通開放時のアスファルト舗装表面温度	50℃以下
鉄道路床面の仕上り精度	± 15mm
休憩時間	労働時間 6 時間超　45 分 労働時間 8 時間超　1 時間
車両の幅の最高限度	2.5m
作業床の床材の幅	40cm 以上
作業床の床材間の隙間（つり足場以外）	3cm 以下
作業床に設置する幅木の高さ	10cm 以上
コンクリートのスランプの許容差	スランプ 5cm 以上 8cm 未満　± 1.5cm スランプ 8cm 以上 18cm 以下　± 2.5cm
コンクリート中の空気量の許容差	± 1.5%
コンクリート中の塩化物イオン量	0.30kg/m^3 以下
鉄筋の中心間隔の許容誤差	± 20mm
鉄筋加工後の全長に対する寸法の許容誤差	± 20mm

第2部
過去問編

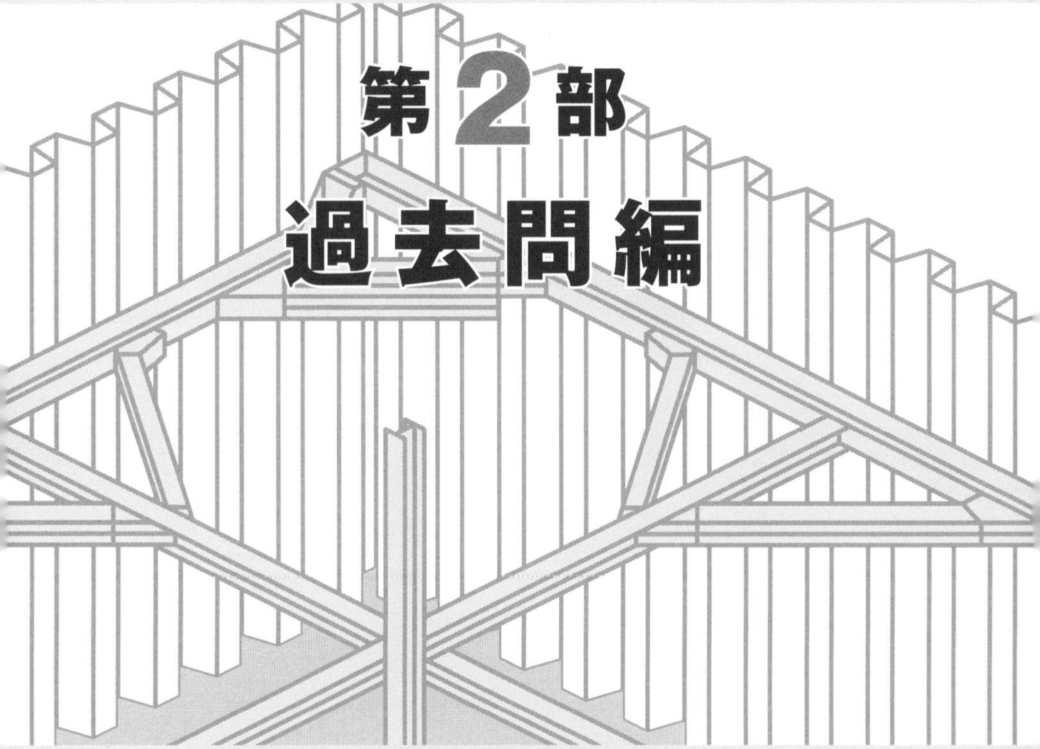

こんなひっかけ問題に注意！

こんなひっかけ問題に注意！

土木一般

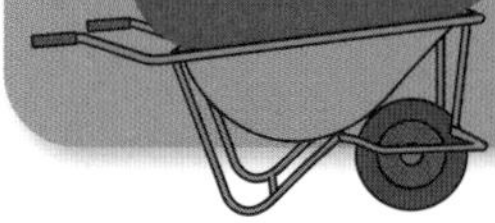

土工

1 土の含水比試験結果は、水と土粒子の質量の比で示され、~~切土、掘削にともなう湧水量や排水工法の検討~~に用いられる。

↓

盛土の締固め管理

ここも押さえる

- 湧水量や排水工法の検討に用いられるのは、現場透水試験である。

2 土の塑性指数は、一般にその値が~~低い~~ほど吸水による強度低下が著しい傾向にある。

↓

高い

ここも押さえる

- 自然含水比が塑性限界より大きいときは、施工中に泥状化しやすい。

3　土量の変化率 *C* は、土の~~運搬計画~~を立てる上で重要な指標となっている。

↓

配分計画

ここも押さえる

- 土量の変化率 *C* は、地山の土量と締め固めた土量の体積比を測定して求める。

4　~~サンドドレーン工法~~は、地盤内に鋼管を貫入して管内に砂などを投入し、振動により締め固めた砂杭を地中に造成することにより、支持力の増加や液状化の防止をはかるものである。

↓

サンドコンパクションパイル工法

ここも押さえる

- サンドドレーン工法は、地盤中に透水性の高い砂柱を鉛直に造成することにより、水平方向の排水距離を短くして圧密を促進し、地盤の強度増加をはかる工法である。

コンクリート工

1　砕石を用いた場合は、ワーカビリティーの良好なコンクリートを得るためには、砂利を用いた場合と比べて単位水量を~~小さく~~する必要がある。

↓

大きく

ここも押さえる

- 単位水量が大きくなると、材料分離抵抗性が低下するとともに、乾燥収縮が増加する等コンクリートの品質が低下する。

2　コールドジョイントの発生を防ぐためのコンクリートの許容打重ね時間間隔は、外気温が高いほど~~長く~~なる。

↓

短く

ここも押さえる

- 許容打重ね時間間隔は、外気温が 25℃を超えるときは 2 時間を標準としている。

3　内部振動機をコンクリートから引き抜く場合は、~~素早く~~引き抜くようにする。

↓

ゆっくり

ここも押さえる

- 内部振動機は、コンクリート中に鉛直に差し込む。

4　スランプが同じコンクリートの場合、打上り速度を大きくするほど、型枠に作用する側圧は~~小さく~~なる。

↓

大きく

ここも押さえる

- 打込み速度が一定の場合、コンクリートのスランプが大きいほど、型枠に作用する側圧は大きくなる。

基礎工

1 基礎地盤が岩盤の場合は、基礎底面地盤の不陸を~~整正し、平滑な面に仕上げる~~必要がある。

↓

残し、平滑な面としないようにする

ここも押さえる

- 基礎地盤が砂地盤の場合は、ある程度の不陸を残して底面地盤を整地し、その上に割栗石や砕石を敷き均す。

2 中掘り杭工法では、中間層が比較的硬質で沈設が困難な場合は、フリクションカッターを併用するとともに杭径以上の拡大掘りを~~行うのがよい~~。

↓

行ってはならない

ここも押さえる

- 中掘り杭工法におけるセメントミルク噴出撹拌方式では、先端処理部において、施工管理手法に示される範囲の先掘り、拡大掘りを行うことができる。

3 プレボーリング杭工法における杭の沈設は、孔壁を削ることのないよう確実に行い、注入した杭周固定液が杭頭部から~~あふれ出ない~~ように施工しなければならない。

↓

あふれ出る

ここも押さえる

- プレボーリング杭工法では、根固め液は掘削孔の先端部周辺の砂質地盤と十分に攪拌しながら、所定の位置まで確実に注入する。

こんな ひっかけ問題に注意！

専門土木

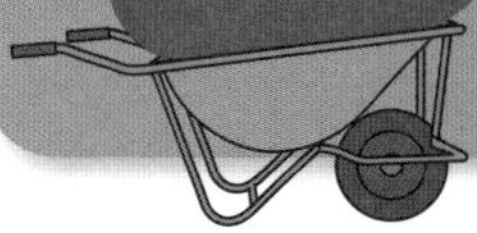

鋼・コンクリート構造物

1 高力ボルトの締付けをトルク法によって行う場合には、軸力の導入は、~~ボルト頭~~を回して行うのを原則とし、やむを得ず~~ナット~~を回す場合にはトルク係数値の変化を確認する。

ナット　　　　ボルト頭

ここも押さえる

- 高力ボルトの締付けは、連結板の中央のボルトから順次端部のボルトに向かって行い、2度締めを行うものとする。

2 トルク法によって締め付けたトルシア形高力ボルトの検査は、各ボルト群の~~50%~~についてピンテールの切断の確認とマーキングによる外観検査を行うものとする。

全数

ここも押さえる

- 回転法によって締め付けた高力ボルトは、全数についてマーキングによる外観検査を行い、回転角が過大なものについては、ボルトの取換えを行う。

3　溶接われ検査は、肉眼で行うのを原則とし、いかなる場合もわれがあってはならないが、疑わしい場合には~~超音波探傷試験~~を行うのがよい。

↓

磁粉探傷試験または浸透探傷試験

ここも押さえる

- 超音波探傷試験は、肉眼では確認できない**内部欠陥**の検査に用いられる。

4　水セメント比は、コンクリートの耐凍害性に~~影響を及ぼさない~~。

↓

最も影響が大きい

ここも押さえる

- コンクリートの耐凍害性は、コンクリートの品質のほか、コンクリートの**飽水度**にも左右される。

河川・砂防

1　築堤の施工中は、降雨により雨水が一部に集中して施工中の法面の浸食を防ぐため、堤体の~~縦断~~方向に３～５%程度の勾配を設けながら施工する。

↓

横断

ここも押さえる

- 築堤盛土の締固めは堤防**縦断**方向に行い、締固めに際しては締固め幅が重複するよう留意して施工する。

2 石張り（積み）の護岸工では、布積みと谷積みがあるが、強度の強い~~布積み~~を原則としている。

谷積み

ここも押さえる

- 異形コンクリートブロックの層積みは、河床整正を行って積み上げるので、水深が深くなると乱積みと比較して施工は困難となる。

3 砂防えん堤の砂礫基礎の仕上げ面付近にある大転石は、その ~~1/2~~ 以上が地下にもぐっていると予想される場合は取り除く必要はないので存置する。

2/3

ここも押さえる

- えん堤基礎の根入れ深さは、岩盤の場合には 1m 以上、砂礫の場合には 2m 以上とする。

4 地すべり抑止工のアンカーの定着長は、地盤とグラウトとの間及びテンドンとグラウトとの間の付着長について比較を行い、それらのうち~~短い~~方を採用する。

長い

ここも押さえる

- 地すべり防止工における抑止工は、すべり面を貫いた構造物により地すべり推力に対抗し、地すべり移動を抑止するものである。

道路・舗装

1　路床の安定処理に粒状の生石灰を使用する場合は、１回の混合が終了した後仮転圧し、生石灰が~~消化する前に~~混合し再び転圧する。

↓

消化してから

ここも押さえる

- 安定処理材は、一般的に対象土が砂質系材料の場合はセメントが有効であり、粘性土の場合は石灰が有効である。

2　締固めに用いるローラは、横断勾配の~~高い~~方から~~低い~~方へ向かい、順次幅寄せしながら低速かつ一定の速度で転圧する。

↓　↓

低い　高い

ここも押さえる

- アスファルト混合物の締固め作業は、継目転圧、初転圧、二次転圧、仕上げ転圧の順序で行う。

3　流動によるわだち掘れや線状に発生したひび割れが著しい箇所の補修を行う場合には、一般に~~表面処理工法~~が用いられる。

↓

表層・基層打換え工法

ここも押さえる

- 表面処理工法は、既設舗装の上に、加熱アスファルト混合物以外の材料を使用して、厚さ 3cm 未満の封かん層を設ける工法である。

4 コンクリートの敷均しは、~~コンクリートフィニッシャ~~を用いて行い、全体が均等な密度となるように適切な余盛りをつけて行う。

↓

スプレッダ

ここも押さえる

- コンクリート舗装におけるコンクリートの敷均しは、鉄網を用いる場合は **2** 層で、鉄網を用いない場合は **1** 層で行う。

ダム・トンネル

パッカー方式

↑

1 グラウチングの注入方式は、~~ステージ方式~~より孔壁の崩壊によるジャーミングの危険性が少ない~~パッカー方式~~を標準とする。

↓

ステージ方式

ここも押さえる

- ステージ注入工法は、最終深度まで一度削孔した後、**上位**ステージから**下位**ステージに向かって 1 ステージずつ注入する工法である。

2 ~~拡張レヤー工法~~は、超硬練りコンクリートを、ブルドーザで薄層に敷き均し、振動ローラで締め固めるものである。

↘

RCD 工法

ここも押さえる

- 拡張レヤー工法（ELCM 工法）は、有スランプのダムコンクリートを、ダム軸方向の複数のブロックに一度に打設し、**内部振動機**を用いて締め固める工法である。

3 ベンチカット工法は、一般に上部半断面と下部半断面に分割して掘削する工法であり、地山が不良な場合にはベンチ長を~~長く~~する。

↓

短く

ここも押さえる

- 全断面工法は、小断面のトンネルや地質が安定した地山で採用され、施工途中での地山条件の変化に対する順応性が低い。

4 山岳工法によるトンネルの施工では、掘削後、地山の変形が~~収束する前~~に覆工を施工する。

↓

収束した後

ここも押さえる

- 覆工コンクリートの打込みは、つま型枠を密閉せず、ブリーディング水や空気を排出するようにして行う。

海岸・港湾

1 緩傾斜堤防の天端被覆工の表面は、排水のため~~海~~側に片勾配を付けるのがよい。

↓

陸

ここも押さえる

- 緩傾斜堤防の排水工は、裏法被覆工の法尻に設け、緩傾斜護岸の排水工は天端被覆工の陸側端に設ける。

上手　近い

2 離岸堤は、侵食区域の~~下手~~側（漂砂供給源に~~遠い~~側）から設置すると~~上手~~側の侵食傾向を増長させることになるので、原則として~~上手~~側から着手し、順次~~下手~~に施工する。

下手　上手　下手

ここも押さえる

- 汀線が後退しつつある区域に護岸と離岸堤を新設する場合は、なるべく**護岸**を施工する前に**離岸堤**を設置し、その後に**護岸**を設置するのが望ましい。

3 潜堤・人工リーフは、離岸堤に比較して堤背後の堆砂機能が~~大きい~~。

小さい

ここも押さえる

- 潜堤・人工リーフは、捨石などの材料を用いた没水構造物で、波浪の**静穏化**、沿岸漂砂の制御機能を有する。

4 ケーソン据付け時の注水方法は、気象、海象の変わりやすい海上の作業を手際よく進めるために、できる限り短時間で、かつ、~~隔室ごとに順次~~満水にする。

各隔室に平均的に

ここも押さえる

- ケーソンの据付けは、函体が基礎マウンド上に達する直前でいったん注水を**中止**し、最終的なケーソン引寄せを行い、据付け位置を確認、修正を行ったうえで一気に注水着底させる。

鉄道・地下構造物

1　粒度調整砕石の締固めを仕上げた後は、~~2～3日経過後、形状が安定するのを確認し~~、プライムコートを施工する。

→ 速やかに

ここも押さえる

- コンクリート打込み前の粒度調整砕石の締固めは、ロードローラまたは振動ローラなどにタイヤローラを併用し、所定の密度が得られるまで十分に締め固める。

2　き電停止の手続きを行う場合は、その手続きは~~軌道作業責任者~~が行う。

→ 停電責任者

ここも押さえる

- 線路閉鎖、保守用車使用の手続きを行う場合は、その手続きは線閉責任者が行う。

3　土圧式シールドや泥水式シールドでは、切羽土圧や水圧に対してチャンバー圧が~~小さい~~場合には地盤隆起、~~大きい~~場合には地盤沈下を生じるので、切羽土圧や水圧に見合うチャンバー圧の管理を入念に行う。

→ 大きい　→ 小さい

ここも押さえる

- テールボイド沈下と裏込め注入による隆起を防止するには、地山状態に応じて充填性と早期強度発現性に優れた注入材を選定し、シールドの掘進と同時に裏込め注入を行う。

上下水道

1　配水管を他の地下埋設物と交差または近接して布設する場合は、最小離隔を ~~0.1~~m 以上確保する。

0.3

ここも押さえる

- 制水弁や消火栓など付属設備の相互間は、原則として 1m 以上離れるように設置位置を選定する。

2 ~~製管工法~~は、熱硬化性樹脂を含浸させたライナーや熱可塑性樹脂ライナーを既設管渠内に引込み、水圧または空気圧などで拡張・密着させた後に硬化させることで管を構築する。

形成工法

ここも押さえる

- 製管工法は、既設管渠内に硬質塩化ビニル材などをかん合させながら製管し、既設管渠との間隙にモルタルなどを充填することで管を構築する。

3 小口径管推進工法のオーガ方式は、~~砂質~~地盤では推進中に先端抵抗力が急増する場合があるので、注水により切羽部の土を軟弱にする等の対策が必要である。

粘性土

ここも押さえる

- 泥水方式は、透水性の高い、緩い地盤に適用する場合、切羽の安定をはかるため送泥水の粘性を高くするなどの対策が必要である。

こんなひっかけ問題に注意！

法規

労働基準法

1 使用者は、労働契約の不履行について違約金を定め、または損害賠償額を予定する契約を締結~~しなければならない~~。

↓

してはならない

ここも押さえる

- 使用者は、前借金その他労働することを条件とする前貸の債権と賃金を相殺してはならない。

2 使用者は、労働時間が８時間を超える場合においては、少なくとも~~45分~~の休憩時間を労働時間の途中に与えなければならない。

↘

１時間

ここも押さえる

- 使用者は、労働時間が６時間を超える場合においては少なくとも45分の休憩時間を労働時間の途中に与えなければならない。

3 使用者は、6箇月間継続勤務し全労働日の~~5割~~以上出勤した労働者に対して、継続し、または分割した10労働日の有給休暇を与えなければならない。

↓ 8割

ここも押さえる

- 使用者は、労働時間を延長し、労働させた場合においては、原則として通常の労働時間の賃金の計算額の**2割5分**以上**5割**以下の範囲内で割増賃金を支払わなければならない。

労働安全衛生法

1 事業者は、コンクリート造の工作物の解体等作業主任者~~特別教育~~を修了した者のうちから、コンクリート造の工作物の解体等作業主任者を選任しなければならない。

↓ 技能講習

ここも押さえる

- コンクリート造の工作物の解体等作業主任者は、作業の方法及び労働者の配置を決定し、作業を**直接指揮**しなければならない。

2 特定元方事業者は、作業日が連続する作業場にあっては、作業場の巡視を少なくとも~~毎週~~1回行わなければならない。

↓ 毎作業日に

ここも押さえる

- 特定元方事業者は、すべての関係請負人が参加する協議組織を設置し、会議を**定期的**に開催しなければならない。

建設業法

1　元請負人は、下請負人からその請け負った建設工事が完成した旨の通知を受けたときは、当該通知を受けた日から ~~1月~~以内で、かつ、できる限り短い期間内に、その完成を確認するための検査を完了しなければならない。

↓

20 日

ここも押さえる

- 元請負人は、検査によって下請負人の請け負った建設工事の完成を確認した後、下請負人が申し出たときは、特約がされている場合を除いて、直ちに、当該建設工事の目的物の引渡しを受けなければならない。

2　発注者から直接土木一式工事を請け負った特定建設業者は、下請契約の請負代金の総額が ~~3,000~~ 万円以上の場合に、工事現場に監理技術者等を置かなければならない。

↓

4,500

ここも押さえる

- 国または地方公共団体が発注した土木一式工事を、4,000 万円以上の請負代金で請け負った者は、その現場に専任の監理技術者等を置かなければならない。

3 主任技術者及び監理技術者は、建設工事の施工計画の作成などの技術上の管理及び~~下請負人との契約の締結~~を行わなければならない。

↓

技術上の指導監督

ここも押さえる

- 工事現場における建設工事の施工に従事する者は、主任技術者または監理技術者がその職務として行う指導に従わなければならない。

火薬類取締法

1 火薬類を取り扱う者は、その所有し、または占有する火薬類、譲渡許可証、譲受許可証を喪失し、または盗取されたときは、遅滞なく~~消防署~~にその旨を届け出なければならない。

↓

警察官または海上保安官

ここも押さえる

- 100 キログラム以上のダイナマイトをトラックで運搬する場合は、事前に出発地を管轄する都道府県公安委員会に届け出なければならない。

2 装填が終了し、火薬類が残った場合には、~~発破終了後に~~始めの火薬類取扱所または火工所に返送すること。

↓

直ちに

ここも押さえる

- 発破母線は、点火するまでは点火器に接続する側の端を短絡させ、発破母線の電気雷管の脚線に接続する側は、心線を長短不揃いにしておくこと。

道路関連法令

1　道路占用者が、電線、上下水道などの施設を道路に設け、継続して道路を使用する場合は、あらためて道路管理者の許可を受ける~~必要はない~~。

↓

必要がある

ここも押さえる

- 道路管理者以外の者が、沿道で行う工事のために道路の区域内に、工事用材料の置き場や足場を設ける場合は、道路管理者の許可を受ける必要がある。

2　特殊な車両を通行させようとする者は、通行する道路の道路管理者が複数となる場合は、通行する~~それぞれの~~道路管理者に通行許可の申請をする必要がある。

↓

いずれか１つの

ここも押さえる

- 特殊な車両の通行許可を受けた者は、当該許可に係る通行中、当該許可証を当該車両に備え付けていなければならない。

河川法

1　河川区域内の上空を通過して吊り橋や電線を設置する場合は、河川管理者の許可を受ける~~必要はない~~。

↓

必要がある

ここも押さえる

- 河川区域内の土地の地下を横断して農業用水のサイホンを設置する場合、河川管理者の許可を受ける必要がある。

2　河川管理者の許可を受けて設置されている取水施設の機能維持するための取水口付近の土砂等の撤去は、河川管理者の許可を受ける~~必要がある~~。

必要はない

ここも押さえる

- 河川区域内の土地に工作物の新築等の許可を河川管理者から受けた者は、その土地の掘削、盛土、切土等の行為の許可を受ける必要がない。

建築基準法

1　建設工事のために工事期間中現場に設ける仮設事務所を建築しようとする場合は、確認申請が~~必要となる~~。

必要ではない

ここも押さえる

- 工事用仮設建築物は、前面道路の幅員に応じた建築物の高さ制限（斜線制限）の適用を受けない。

2　防火地域または準防火地域内にある延べ面積 40m^2 の仮設建築物の屋根の構造は、政令で定める技術的基準の規定が~~適用される~~。

適用されない

ここも押さえる

- 延べ面積が 50m^2 を超える仮設建築物で、防火地域または準防火地域内にあるものは、政令で定める技術的基準に適合するもので、国土交通大臣の認定を受けたものとしなければならない。

騒音・振動規制法

1　特定建設作業の実施の届出は、当該特定建設作業の開始の日の~~5日~~前までに市町村長に届け出なければならない。

7日

ここも押さえる

- 災害その他非常事態の発生により特定建設作業を緊急に行う必要がある場合は、速やかに市町村長に届け出なければならない。

港則法

1　汽船が港の防波堤の入口または入口附近で他の汽船と出会うおそれのあるときは、~~出航~~する汽船は、防波堤の~~内~~で~~入航~~する汽船の進路を避けなければならない。

入航　　外　出航

ここも押さえる

- 船舶は、港内において防波堤、ふとうその他の工作物の突端または停泊船舶を右げんに見て航行するときは、できるだけこれに近寄り航行しなければならない。

さくいん

▶アルファベット

▶あ行

▶か行

▶さ行

▶た行

▶な行

▶は行

▶ま行

▶や行

▶ら行

▶わ行

本書に関する正誤等の最新情報等は、下記のアドレスでご確認ください。
http://www.s-henshu.info/1dssr2312/

上記掲載以外の箇所で正誤についてお気づきの場合は、**書名・発行日・質問事項**（**該当ページ・行数・問題番号**などと**誤りだと思う理由**）・**氏名・連絡先**を明記のうえ、お問い合わせください。
・webからのお問い合わせ：上記アドレス内【正誤情報】へ
・郵便またはFAXでのお問い合わせ：下記住所またはFAX番号へ
※電話でのお問い合わせはお受けできません。

［宛先］コンデックス情報研究所
『スピード攻略！ 1級土木施工管理技術検定 集中レッスン』係
住　　所：〒359-0042　所沢市並木3-1-9
FAX番号：04-2995-4362（10:00 ～ 17:00　土日祝日を除く）

※本書の正誤以外に関するご質問にはお答えいたしかねます。また、受検指導などは行っておりません。
※ご質問の受付期限は、各試験日の10日前必着といたします。ご了承ください。
※回答日時の指定はできません。また、ご質問の内容によっては回答まで10日前後お時間をいただく場合があります。
あらかじめご了承ください。

編著：コンデックス情報研究所
1990年6月設立。法律・福祉・技術・教育分野において、書籍の企画・執筆・編集、大学および通信教育機関との共同教材開発を行っている研究者・実務家・編集者のグループ。

イラスト：ひらのんさ

スピード攻略！ 1級土木施工管理技術検定 集中レッスン

2024年２月20日発行

編　著　コンデックス情《じょう》報《ほう》研《けん》究《きゅう》所《しょ》
発行者　深見公子
発行所　成美堂出版
〒162-8445　東京都新宿区新小川町1-7
電話(03)5206-8151 FAX(03)5206-8159
印　刷　広研印刷株式会社

ISBN978-4-415-23803-6
落丁・乱丁などの不良本はお取り替えします
定価はカバーに表示してあります